U0076290

BEACH

長輩主廚們習慣在熟悉的市場、向熟悉的攤商買菜，
若是比較複雜的菜色，備料可能要從三天前開始。
結束採買後，帶著食材在光線明亮的下午，
來到食憶開始準備，
一邊聊天、一邊雙手不停的備料。

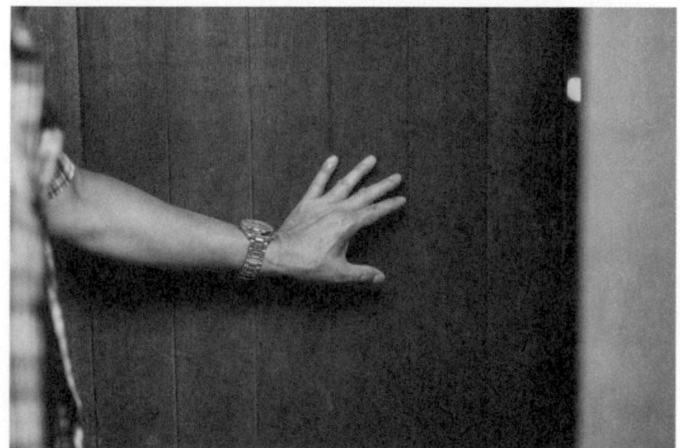

門

當光線漸暗、桌上擺好了餐具杯盤，
門口也亮起了食憶的招牌。

客人陸續進場，長輩主廚們忙碌之中微笑招呼，
一場溫暖的家常晚餐，由此開始。

食憶的
家・傳・菜・譜

回家吃飯吧！
沒說出口的愛，全都封存在料理中了

獻給獨一無二的家常味——

Liz高琹雯（美食作家／Taster美食加創辦人）

二〇一八年八月，食憶開辦初期，我有幸受邀前往體驗過一次。當時覺得這企劃真好，頗有點「共享經濟」的意味：回家吃飯的年輕人越來越少，長輩空有一身好廚藝無從發揮，乾脆開放煮給客人吃，變成一種餐廳服務吧。那一晚的菜單是宜蘭扁食湯、滷肉飯、豆腐丸子湯、古早味瓜仔肉，充滿手感與心意，我一個外人嚐得到別人家裡的家常菜，既有意義又有趣味。

如今，一位位長輩的家傳菜譜，連同他們的人生故事，集結成為一本書。我沒想到閱讀文字竟會比實際品嚐更有力量，也才明白，我所咀嚼的竟是一個個真人的生活際遇。這本書，不只有好吃好做的食譜，還有大時代的動盪、飲食文化的流轉、族群的融合與交流，活脫脫是台灣過去五十年的歷史縮影。但是不沉重，美味暖心，也勾起人動手下廚的念頭。

丁原偉（雲品國際總經理）

在《食憶的家傳菜譜》中，看見了來自各行各業的料理好手，曾經都深藏不露的隱身在街角巷弄，無論是耐人尋味的家常菜，或是技藝傳承的家鄉味，都可能是道不可多得的人間美味。

一群愛好料理的銀髮族，秉持著對料理的熱忱與傳遞美味的初衷，加入了食憶團隊，大顯身手。「食憶」給了他們再次發揮的舞台，而他們將歲月熬煮成美味佳餚，端上陌生人的餐桌，觸動無數人的味蕾。不需要華麗的雕琢，不需要刻意的擺盤，保持做好料理的初心，保留料理最純粹的底蘊，享受有溫度有態度的老味道。

一本有回憶、有溫度、有故事、有韻味的文字，勾勒出了一段段耐人尋味的人生歷練，展現出了一道道回味無窮的料理功夫。有著經典再現的古早味，也有心血來潮的嘗新創作，更有大方不私藏的各項拿手菜詳細秘笈，開誠布公料理祕方，讓美味得以永續傳承。

王瑞瑤（中廣超級美食家節目主持人）

那個晚上，上菜之前，我守在廚房遲遲不肯入座，我看著戴爸爸飛快切絲準備十幾二十碗山東炸醬麵的麵碼，我盯著大劉姐想偷瞄一眼她自製的臭豆腐，心裡還想著下次再來，一定要吃到食憶廚師團隊中最年長，九十五歲劉爺爺的東北醬鴨。

那一夜在食憶感動莫名，吃了戴爸爸特製的魚漿炸醬麵，忍不住想起父親做的烏魚子炸醬麵，雖然他們都在傳統炸醬麵裡動手腳，但吃起來就是炸醬麵，因為起手式都一樣，從熱油炒醬開始做起。

我父親是民國三十八年來台的山東人，大時代下的男人堅毅勇敢一身技藝，會做汽車拉彈殼，也能下廚縫衣服。身為女兒一直未能把他的一手好菜詳實紀錄下來，直到父親九十五歲離世之後，一人傻站廚房，才驚覺想吃的味道永遠回不來，因此近幾年來積極推動「用食譜寫家譜」，鼓勵大家用手機紀錄自家味，上傳雲端，代代相傳，永為留念。

現在不做，馬上後悔，食憶令我感動的是，為長輩提供了舞台，讓更多人藉此記憶和回憶更多味道，如今這些味道變成食譜，或熟悉或陌生，但你我皆可學習，台灣家家戶戶吃的菜，正是我們最愛的台灣菜。

李姝慧（新竹・湖畔生活 總經理）

在我三十歲前後父母雙雙離開人世，稍微能慰藉對雙親的思念的，就是跟媽媽學到的家中味道。每當廚房漫出媽媽滷肉的香氣，就能瞬間感受到媽媽綿密不斷的愛，從心中暖暖流過。而想念爸爸的時候，我就去菜市場買一條肥厚的豬三層，細細把兩大顆蒜頭剝膜，找支砂鍋將肉大塊下鍋、再豪邁地撒上一大把鹽巴跟脫膜的蒜瓣，加上七分滿的水，中火燒至水分收乾。這道料理是爸爸百吃不厭的的蒜香鹹肉，據說也是童年喪母的父親，唯一記得的母親的味道。

二〇一八年夏季尾聲，食憶創辦人陳映璇（Cherry）第一次與我見面，地點約在麵包店「小巴黎人」的地下室。我一邊啃著沙拉，一邊聽著眼前這個三十出頭的孩子說著她們想把老人家的味道留下來。那股熾熱的真情，讓我把所有預想到的可能狀況都跟著沙拉吞進肚裡，心中只剩下一個聲音：「孩子啊！請用力奔跑，把你想的美好都實現吧！我衷心相信老天爺會為你們排除一切萬難，讓你成就這美事的。」

二〇一八年底，帶著滿心的期待第一次來到食憶的餐桌，吃著大劉姐、彭阿姨與戴爸爸的菜，一桌豐盛、滿滿情意。整場的食客都是二十多歲的年輕人，一張張臉在一道道家料理的餵養下，展開孩子般的笑顏，大哥大姐們出場時，他們一次又一次的鼓掌喝好。家盛宴，家常得如此美好。在那之後，「回家吃飯」的食憶於食客間開始慢慢傳開，幾次去食憶用餐，每一次都是在豐厚的情意與撐飽的肚皮中，大家開心相約下次再見。末了，大家總會互問：「你有多久沒有回家吃媽媽做的飯了？回家吃頓飯吧！」

李承宇（《料理・台灣》雜誌總編輯）

食憶送給客人的紀念鑰匙，我放在案頭，讓上頭鐫刻的「回家吃頓飯吧！」字樣，時時提醒自己。

二〇一九年中秋夜，採訪告一段落，我的最後一個問題是：「食憶的下一步是什麼？」將長輩主廚的家傳菜出版成食譜，是創辦人陳映璇（Cherry）的想法之一。

幾次造訪食憶，來不及嘗到的長輩手藝、來不及聽完的長輩故事，如今都能在這本書裡補足，很是歡喜。這本書所記錄的，不僅是五十二道佳肴、十九位長輩故事，也是一個世代的集體記憶。

味覺相較於視覺、聽覺，是更難保存下來的感官紀錄。「食憶」這個飲食空間，透過長輩主廚與年輕客人的交流，幫我們保留了一個世代的「食」，傳承了一個世代的「憶」；更在筷匙之間，騰挪出「世代共好」的餘地。

盼讀者透過本書，也能感受到「回家吃頓飯」的溫暖情懷。

朱平（漣漪人文化基金會 共同創辦人）

如果您不知道食憶這家很特別的餐廳，請趕快在網路上搜尋一下。

我與Ming因為很喜歡Cherry之前做過的企劃案，所以當知道她要開一家餐廳時，就更是好奇她會開一間什麼樣的餐廳。食憶，就是找回「食物的記憶」。餐廳營業後，迫不及待地去了食憶，吃了一頓充滿回憶及喜悅的晚餐。

我們每個人都有自己的Comfort food，往往都是小時爺爺奶奶、外公外婆、爸爸媽媽的拿手菜；那不僅下飯、百吃不膩，更是充滿懷舊的味道。

用餐那天，我們跟一對年輕的情侶共桌，很自然地因為喜歡同樣一道菜而聊了起來。因為是男士請女士來體驗食憶的一場約會，我悄悄地問了那位漂亮的女士：「這場食憶的約會對這男士有無加分？」她笑著點點頭！食憶就是這樣一個能將每個人對食物最美好的回憶找回來的地方，整個房間充滿了快樂的味道（快樂是有味道的）。看到熟悉的家常菜、下飯菜，看到爺爺奶奶主廚的得意、滿足及最重要的——有被需要的成就感。這種快樂的感動，不是一般餐廳能做到的，不過Cherry做到了。我知道Cherry一定會說，是大家一起做到的。

還等什麼，趕快上網預訂一次食憶之旅，然後再買這本《食憶的家傳菜譜》，在家裡照著食譜再做一次，將食憶爺爺奶奶、阿姨、大姐、大哥的家傳菜，也成為您們家的家傳菜，一直傳下去！

葉怡蘭（飲食生活作家／《Yilan美食生活玩家》網站創辦人）

早從第一回坐上食憶的餐桌開始，便覺該有這本書。那回，原本只是出乎向來對別人家都吃些什麼的好奇垂涎心情而訪，然實際品嚐後卻深深領會，此中最動人者不單單只是美味，還有唯家常菜才有的，經年累月日日淬鍊而成的踏實渾成韻致、別出一格的巧思慧心和情意，以及，每一道料理背後所涵藏的，一段段悠悠人生故事。

此刻，展讀成書，尤為可喜是，果然不僅我所期待的這一切盡皆容納，分外咀嚼再三還包括同時記錄下的，因數百年錯綜複雜歷史背景、地域因素，遂因緣際會匯聚成形的「台灣家常菜」之血緣紛呈風貌與多元融合特色，彌足珍貴。

食憶，就是「食物的回憶」。
也許是家中奶奶的拿手菜、小時候的便當、
在朋友家偶然嚐到的料理。
翻開書頁，一起品嚐屬於你的「食物的回憶」。

食憶創辦人 陳映璇（Cherry）

「食憶，食物的回憶；拾起回憶品嚐傳遞。」

這句話從食憶開始後應該說了千次以上，然而這真的不只是一句口號。

在食憶草創初期，我們就有將這些故事和食譜集結成書的想法，在過程中也不斷有人提出希望我們可以出版食譜書，因此，當悅知文化提出邀請，我們幾乎是火速（好啦也沒有多火速，詢問每位主廚的意願還是花了不少時間）達成共識。

這中間發生了許多巧合，食憶和悅知文化的連結，也來自於一種「巧合」。其實，在開始食憶之後，「巧合」似乎就一直跟著我們：無論是主廚間相互是舊識、客人的爸爸和主廚是兒時玩伴、同時間一屋子五六組的客人居然是同個大學的學長姐學弟妹等等；食憶彷彿有無形的引力，將某種頻率囊括進來，說起來很玄妙，卻意外地踏實。而當食憶瀕臨危機、幾乎走不下去時，一些充滿善意的人事物就會剛好出現，巧妙的讓一切往好的方向前進，這也讓我開始相信：「當你真心渴望某樣東西時，整個宇宙都會聯合起來幫助你完成。」

雖然講得這麼正面，但中間當然是困難重重，無論是食憶，還是這本書。

從創立食憶後，最常聽到別人和我們說的一句話就是：「做這個很不容易喔。」的確，非常不容易。之間，常常讓我感到最無力也傷心的，就是「世代裂痕」。在台灣，這樣的裂痕因為一些惡意而愈來愈深。經常看到網路和電視上、世代間被挑釁後的無情謾罵，而這些很多都是來自於如此良善的雙方。這些裂痕，在食憶也是存在的，我們如此努力的創造交流，卻可能因為某個人的一句話，就讓所有的努力蕩然無存，在訪談時說到這些，我總忍不住哽咽，既嚇到訪問我的人，也嚇到我自己。但是，我還是希望我們可以再多做些什麼，應該要有機會可以更好的！我是這樣相信著。

每個人都是有故事的人，這是食憶的初衷，也是這本書可貴之處。希望大家可以藉由這些故事看到自己，也看到更多可能性。我讀這些故事讀得意猶未盡，希望大家也是。

要感謝的人很多，不過，依照創辦食憶以來得到宇宙力量的結論，我在心中感謝，大家應該就可以接收得到吧。感受到的你們，就是我由衷答謝的人。

「真心誠意」和「腳踏實地」是創辦食憶以來最大的體會，希望大家可以在食憶、或是透過這本書，感受到我們的誠意。歡迎大家有空來食憶吃一頓飯，吃完後，也不要忘記回自己的家，再來一頓！

目錄

目錄

本書食譜使用方式

- 1大匙＝15㎖／1小匙＝5㎖
- 雞高湯做法：先將雞骨架子洗淨，川燙洗淨雜質後，依喜好濃度加入3～5倍的水，慢火煮20～30分，途中需撈掉浮沫雜質，在最後5分鐘可加入少許的鹽巴，帶出高湯的甜度。
- 大骨高湯做法：基本做法和雞高湯相同，煮的時間為30分鐘。也可以用燙肉的水取代。
- 油炸的方式：請選擇鍋緣不要太高的鍋子。油量需有深度，基本上為食材的兩倍。油溫約140～160度可處理較大的食材，把食物慢慢炸熟，160～180度則適合快速炸或二次炸，處理快熟的食材，或以高溫搶酥。如何判斷下鍋的時機？將小於一口大小的食材或麵粉等輕輕放入油鍋，如果食材快速浮起表示油溫較高，若是入鍋時能看到中大氣泡，過一下子才浮起來就是140～160度。詳細溫度與操作方法，再請參考各食譜。
- 書裡的食譜都是家常料理，調味可以隨性一些。依照書中食譜先抓個大概後，再依照自己和家人的喜好調整口味吧。

每一道家常菜的背後，總有說不完的故事。

食憶

公務員辭職的直爽俠女

大劉姐

大劉姐，65歲。
菜系：北方菜
食譜：蓮子排骨湯
雙椒炒皮蛋
馬鈴薯燒雞

因為覺得公職「太無聊」而辭職的大劉姐，是個性爽快的東北女子，前後開了幾間餐廳後安然退休，繼續在家做拿手熟食，提供給老顧客。

1 大劉姐在食憶認識另一位主廚吳阿姨（右），兩人一見如故私下經常相約看展和喝咖啡。

臭到極致自然香，這種矛盾應該只能藉由食物與人的合作，才能完美體現。俐落幹練的大劉姐，用綿密紮實的家傳清蒸臭豆腐，創造食憶招牌氣味，不停火的老滷汁，凝鍊了跨越世代的味覺精華，生猛濃郁。

溫暖海島的北方味

大劉姐在台北芝山岩的情報局眷村長大，爸爸是出身河北石家莊的軍人，媽媽是東北瀋陽人，兩人在中國大陸結婚，戰後到台灣。說到媽媽的菜，大劉姐笑得雙眼瞇成一條線。

「我媽媽非常會燒菜，現在想起來，真是回味無窮，尤其是紅燒黃魚，哎呦，太好吃了！」身為家中獨生女與眷村第二代，從小在緊密的鄰里關係中成長，也因此習得製作獨門臭豆腐的祕技。

除了紅燒黃魚，大劉姐還記得媽媽會煮許多「天天吃也吃不膩的菜」，像是東北經典家常菜「白菜燒五花肉」。因北方冬天冷，新鮮青菜少，多半使用馬鈴薯、大白菜等耐放的作物，拿來燉雞或五花肉，有時還加進寬粉絲，「吸飽肉汁，真是絕配！」

2 隨食憶去日本參展。

劉家人從寒冷北方南遷溫暖海島落腳，氣候天差地遠，卻仍保有家鄉飲食習慣，劉媽媽每年農曆春節前一個月，便開始製作正宗東北酸白菜，一次做完百斤白菜，能滿足北方家庭一個冬天的口腹之慾。

大學畢業後，大劉姐進入公務單位工作將近十年，但規律與一成不變的生活，讓她萌生退意。「當公務員太閒、太好混，混得沒意思了！」想到自己一直都愛做菜，喜歡煮東西被人讚美的感覺，就決意「辭職！」放棄穩定公職，另闢江山開餐廳。

「當初的考量是，反正沒有退休金也無所謂，算起來，出來開餐廳雖然比較累，但收入也不會少，重點是比較刺激。時間也過比較快，不會像當公務員那麼無趣。」說話直白的她，顯然很滿意自己當初的決定。

半路出家的餐廳老闆

大劉姐半路出家的第一間店，在民權東路賣拉麵，請來山東華僑當師傅，主打嚼勁十足的北方手工麵食，店裡還賣炒菜、荷葉餅、蒸餃等，品項繁多。「曾經有一個日本客人來，指定要做『超細』的一碗麵，師傅就特地為他現場拉麵，做成炸醬麵，他吃完很滿意，掏出一千元紅包給師傅。」

從單調的公務員生活，轉換到節奏緊湊的餐館生意人，一切得從頭學習。「一開始當老闆不太適應，幫客人點菜時，還會發抖！」她笑說。

拉麵館漸漸做出口碑，但開了數年，房租連番漲了三倍，在無路可退的情況下，忍痛關了店，另覓位置改開蒸餃店，店址就在今日的西華飯店附近。雖然規模小了，但她心裡踏實得多。

「以前做炒菜，菜色多、工序繁複、要費的心力也比較大，有員工請假都必須親自下場補位。做蒸餃店比較單純，規模小、品項少，最重要的部分都抓在自己手上，不用靠別人，付出勞力不費心。」師傅做餡兒、包餃子，大劉姐負責 皮兼管外場，「擀到後來，看到擀麵棍手就痛！」這一做又是十多個年頭。到了夏天暑氣正盛，她就關店讓員工休息一個月放暑假。

房東見生意興隆，提議大劉姐加碼承租相連的另兩個店面、擴增規模，於是她又花錢整修、還包下地下室，開始經營東北酸白菜火鍋店「錦泰園」。

店裡讓她最自豪的菜色是素蒸餃，用青江菜、蛋、胡椒粉、豆腐乾調成的美味餡兒，讓附近的日籍上班族趨之若鶩。好滋味也吸引來企業家尹衍樑、股市名人雷伯龍，成為座上常客。

然而租賃開店，總得看人臉色，終究是到了房東要收回房子的那一天。大劉姐也順勢展開退休人生，在家開一人工廠，仍然做著自己最愛與最熟悉的食物，照顧老客人的味蕾。其中一項鎮店之寶，就是在眷村成長時耳濡目染學成的臭豆腐。

臭與酸的魅力

大劉姐講「臭」這個字的時候，臉上的生動表情，讓人彷彿可以真的聞到那股又愛又恨的臭味。繁複的手工過程，她用整個身心去經歷。「從黃豆開始磨，然後將水瀝乾、固定豆渣，放進祕製家傳老滷汁裡浸滷，從頭至尾大概要費時兩天。因為製作過程氣味太重，必須在偏僻一點的地方才能做，不然整屋都是臭味！」

北方人似乎對臭的東西情有獨鍾，「臭豆腐乳我也很愛，塗抹白饅頭真的很美味。以前我們家還會做臭鹹魚、臭鹹蛋，拿來炒飯，再加上臭豆腐乳，太好吃了！」臭東西的奇特魅力，似乎在大劉姐的腦海中勾起無限回憶，說

3
（右）在食憶廚房的大劉姐
（左）大劉姐的臭豆腐

完一串臭食物，她不忘再強調一句，「真的是很臭！」

酸白菜也不假手他人，仿效媽媽當年的做法，歷時需一個月才能發酵完成。「不能用塑膠桶，會有塑化劑，我是用媽媽留下來的大瓦缸，一個月當中，要不時檢查白菜有沒有壞掉。」天太熱菜就爛，天太冷不會酸，「有一年氣候不穩，丟掉一百多斤菜，我們不放酸菜劑，所以得看天、要把握時間做。」

酸白菜可以炒菜、煮火鍋、包餃子，也可以吃涼的，酸味造成的味覺對比，能襯托出肉的鹹香與解油膩，是餐桌上必備的角色。不少難忘這滋味的老客人，會跟她下訂解饞。

熟客介紹她來食憶再展身手，她不把這裡當成以前開餐館，而是分享一般館子少見、但自己最喜愛的北方家常口味給來客，也只有在這裡，才能吃到她的家傳北方菜，「在家用什麼食材，這裡就用同樣的食材。」

recipe 01

蓮子排骨湯

3～4人份，所需時間：2小時

大劉姐的外表看似溫和，但卻是標準北方妹子的直腸子個性。這道家庭口味的煲湯，也像大劉姐一樣，看起來溫潤，喝起來卻口感濃郁，非常有滋味。

蓮子排骨湯看似理所當然，但做起來可不簡單，除了各食材分階段加入、還需要長時間熬煮，因此耐心絕對是這道好湯的必備技能。大劉姐的另一個堅持則是一定要使用新鮮的蓮子，這樣才能煮到鬆軟不爛。

材料

豬腱肉…10兩
梅花排…半斤
仿土雞的雞腳…3隻
新鮮蓮子…1把
芡實…1把
懷山…1把
蘋果…2顆
鹽…少許

做法

1 將豬腱肉、雞腳、排骨用滾水燙過，去血水與腥味，也可加一點米酒（份量外）。

2 倒掉血水，用水沖洗乾淨。

3 檢查一下新鮮蓮子，挑除有苦味的綠色蓮子心。

4 將雞腳、豬腱肉放入2000㎖的飲用水中，煮開後轉小火，熬煮1小時後撈出。

雞腳和豬腱肉一般僅取高湯，若想吃掉的話，可以在此時食用。

5 放入排骨、懷山、芡實和去皮去核的蘋果，繼續以小火熬煮。

6 待排骨煮45分鐘後，再加入蓮子，煮15分鐘。

7 上桌前可先把蘋果撈出，並依照個人口味，加水調整濃淡，或加一點鹽調整鹹度。

tips

若剛好有無花果乾，也可以加入一點點一起熬湯，讓湯的滋味更甜美。

雙椒炒皮蛋

大劉姐的家常食譜

眷村味究竟是什麼沒人說得準，不過這道菜絕對是大劉姐小時候家裡的味道。

身為家中獨生女，大劉姐把家裡爸媽的絕活全學起來了，只不過小時候的雙椒炒皮蛋，加的是又辣又香的青辣椒，現代人的口味比較清淡、加上自己和家人年紀也大了，所以大劉姐會視狀況，用部分糯米椒代替青辣椒，讓整體口感更清甜順口。這道菜只要一端出來，大家就會多添上幾碗白飯。

材料

〈主食材〉

皮蛋…2顆
絞肉…半斤
豆干…7片
紅、綠辣椒（大根不辣的）…各2根
糯米椒…3根

〈調味料〉

醬油…1大匙
糖…1大匙
白胡椒粉…少許
鹽…少許

做法

1. 皮蛋以冷水帶殼煮10～15分，放涼後去殼，切丁備用。
2. 豆干切成與皮蛋一樣大小的小丁。
3. 紅辣椒、綠辣椒、糯米椒皆去籽切成小段。
4. 熱鍋下油。先放絞肉並加少許醬油（份量外）快炒至變色後，加入皮蛋丁、豆干丁拌炒，再加1大匙醬油、糖和少許白胡椒粉提味。
5. 最後將三種椒類放入，略為拌炒一下，再加少許鹽調整鹹度就完成了。

recipe 03

馬鈴薯燒雞

大劉姐總說：「這是正統北方菜，中國北方冬天都吃這個。」這道菜也是她從小吃到大的家常料理，北方人稱這道菜為「雙豆燒雞」，雙豆指的是「四季豆」和「土豆」，也就是馬鈴薯。

這道菜除了用雞肉，也可以用五花肉代替，四季豆除了為增添鮮綠配色，也帶來不一樣的口感。

以前的人往往煮一鍋，就可以吃上好幾天。儘管做法簡單，但組合起來卻對味極了，嚐起來全是食材原味，可說是「吃不膩的家常菜」的經典代表。

3～4人份，所需時間：45分鐘

材料

馬鈴薯…3顆
仿土雞腿…1隻
四季豆…150克
醬油膏…2大匙
醬油…少許
糖…1/2小匙
熱開水…適量

做法

1 雞腿請肉攤剁10~12塊。

2 雞腿塊以清水洗淨後，將水份瀝乾。

3 馬鈴薯洗淨削皮後滾刀切成一口大小。四季豆洗淨，切段備用。

4 熱鍋下油後，將雞腿肉放入鍋內快炒至肉的表面變色。

5 放入醬油膏拌炒，再加入馬鈴薯略炒後轉小火。

6 鍋中加入高度剛好可以蓋過雞肉的熱開水，蓋鍋燉煮約20分鐘。

7 開鍋確認狀況，當馬鈴薯表面糊化時可以試一下味道，並加入一點醬油和糖調味。

8 最後放入四季豆，以小火悶煮5分鐘就完成了。

傳承眷村味的
湖北女兒

彭阿姨

彭阿姨，66歲。
菜系：湖北菜、眷村菜
食譜：三星蔥油餅
粉蒸豬肉
鹹蛋絲瓜燴油條

彭阿姨先前在建設公司工作，還曾經當過臨時演員。一手好廚藝，學自從湖北來台的母親，現在仍年年為家族年夜飯掌廚，把湖北滋味，留在小島一隅。

1 年輕時擔任臨演的照片。

來自中國湖北的彭氏夫妻沒有想過，這輩子會在台灣落腳。一九四七年，夫婦兩人離開家鄉，本來預計往南洋打拚，沒想到搭船途中在基隆上岸休息時，意外發現此地的西紅柿（番茄）紅艷碩美。彭爸爸認定這裡物產豐饒，轉念留了下來，彭氏一家從此在此生根。

克難中養成廚藝的湖北女兒

動蕩年代，平民保命安身為先，重大決定都在彈指之間。彭家人剛來台不久，就遇上二二八事件風暴席捲，外省、本省人間衝突加溫，為保安全，跟著同樣是湖北人、又是同宗的軍官彭孟緝，暫居於基隆部隊。

風波漸息，夫妻兩人輾轉台北中華商場、台中做生意，最後落腳台北艋舺的「克難街」。兩岸分治後，國軍在此規劃最早的一批軍方眷舍，提供各軍種安置軍民。克難之名，意喻此地之人胼手胝足，面對物資的窘迫。

彭家人在此拉拔七個孩子成長。其中排行第五的女兒，對做菜最有興趣，不但傳承了母親的好手藝，日後更成為了最早加入食憶團隊的長輩主廚：彭阿姨。她回憶：「媽媽常對我們說，『今天是人家的女兒，明天是別人的媳

2 年輕時上班的時髦打扮。

婦』」，身為女兒，幫忙家事天經地義，手工擀麵、包水餃、做饅頭包子，都是必備技能。而眷村人際關係緊密，左鄰右舍常互贈菜餚，除了湖北家鄉菜，更能嚐遍大江南北。「小時候，夏天吃焦酥的熱鍋貼配涼涼的綠豆稀飯，或者水餃配酸辣湯，冬天常常吃自製的包子、饅頭、花卷和排骨湯。」樸實口味，卻滋養了味覺的敏銳。

一九七〇年代後，克難街陸續興建許多國宅，彭家人也在物換星移中遷居汐止，很少再回返克難街。一九九三年，克難街正式更名為「國興路」，多數眷村拆除改建。刻苦年代，照片為珍稀特權之物，而家傳菜不僅是載體，也是主體，裡頭傾注了滿滿的家族回憶。

在湖北，什麼菜都能粉蒸

當年眷村中，有不少湖北同鄉都是隻身一人隨軍隊來台，因此在彭阿姨的記憶中，家中過年總是熱熱鬧鬧：「每年春節初二之後，就有很多老鄉來我們家吃我媽媽做的豆腐丸、粉蒸肉、粉蒸魚和粉蒸茼蒿。因為他們一個人來到台灣，娶的本地太太都不會煮湖北菜。」

湖北菜最大的特色就是「粉蒸」。當年，彭媽媽會用高粱酒瓶將洗好晾乾的米碾碎成粉，透過巧妙手勁，讓米粉仍保有顆粒口感，裹在食材外層後，再放進竹蒸籠裡，以屋外的煤球爐燜蒸。

不識箇中滋味者，聽聞「粉蒸茼蒿」，不免嘖嘖稱奇。茼蒿一煮就縮水，要蒸一籠得用上大量茼蒿。彭媽媽還會放進蒸得綿軟的豌豆仁，搭配茼蒿的甜脆口感，起鍋後淋豬油、香油，讓彭阿姨回味無窮。

母親當年一日三餐親力親為，也意外為下一代創造「興趣」的餘裕。彭阿姨比起其他姐妹更愛做菜，「長大後試著自己做，也會檢討成果。不滿意的話，再去跟媽媽請益。」

不過，彭媽媽在不到七十歲時驟逝，留下許多來不及，不少味道，只活在彭家孩子的記憶裡。像是自製豆腐乳，彭阿姨回憶，母親會先採集某種植物的葉子，將豆腐置於葉面上曬乾。一週後，葉面上的豆腐經過發酵，長出一層可愛絨毛，再將之裹上辣椒裝瓶，越放越軟濡。還有一道「水豆絲」，則是將黃豆絲炒軟後發酵再加辣椒，也是親友餐桌上的常備醃菜。

「以前哪會想到要做筆記，太麻煩了！現在也不知道去哪裡找材料。」聊到這裡，彭阿姨不禁感嘆。

在食憶復刻童年滋味

人生峰迴路轉，彭阿姨從沒想過自己有一天會做菜給陌生人吃。幾年前，友人小孩轉介食憶的資訊給彭阿姨，鼓勵退休的她來試試看。「當時還搞不清楚這裡到底在做什麼，她們說要來試菜，我也沒刻意準備，就弄一些平常的家常菜，煎個魚、炒個肉絲。」

家常口味便已見真章，而當彭阿姨拿出手機，裡頭的年菜照片更是驚豔四座。未婚單身的她，常在大姐家擔綱年夜飯主廚，是回憶中的複雜菜式得以再現餐桌的閃亮時刻。雖然母親與眷村皆已不在，但六十年前學到的手藝，意外在「食憶」得以延續。

招牌菜「湖北豆腐丸」工序複雜，得先將板豆腐壓乾、加入絞肉與配料塑形，蒸熟後再加進燉雞湯，肉丸吸收雞湯鮮甜，一口咬下脂腴滿溢。彭阿姨堅持跟熟識攤商預訂有機豆腐製作，要端出這道功夫菜，得提前數天準備。

而過去年年幫姐妹、親友無償做豆腐丸、獅子頭、滷牛肉等「厚工」的菜，來到食憶後，意外發現自己的市場價值。「現在我跟她們說，你們想吃，要用買的！」她開玩笑說。跟其他長輩主廚平時也會互相切磋，相約逛市場、吃館子觀摩，越來越有自信。但也惋惜：「現在的食材原始風味和以前不太

3 （右）與家人的年夜飯
（左）彭阿姨在食憶大展身手

一樣了，菠菜、芥藍、青江菜的口感，都沒有以前好。」

從母親身教學做菜，下料火侯都憑經驗，但那個時代亦如同青菜的甘甜，一去不復返了。好在食憶的存在，讓任何人都可以吃到彭阿姨的湖北家鄉菜。現在六十六歲的「彭莅稊」披上柔和線條，口吻淡然，面對來食憶的年輕客人，好奇細問各式菜餚做法，總是娓娓應答。「他們蠻可愛，可能在家吃飯機會也不多，來這裡就覺得什麼都好吃！」

年輕人問了菜色細節，不知道回家後是否會真的學做？不過，透過餐桌上的美味與交流，激發做菜欲望、點燃記憶火種，無庸置疑。

recipe 01

三星蔥油餅

小時在眷村，婆婆媽媽們只需一根擀麵棍，就能變出一桌好菜。

彭阿姨的蔥油餅，做法來自於彭媽媽，她說：「每個人家裡都有屬於自己做餅的祕方。」而在彭阿姨家，一定要用燙麵，因為「這樣餅才會Q，冷了也好吃，就可以多吃幾餐。」三言兩語，道出以前生活的艱辛。

小時候是用一般的青蔥來做餅，不過，彭阿姨自從吃到清甜的三星蔥後，就開始改用三星蔥替代。雖然蔥油餅有所進化，童年的記憶依然不變。

3～4人份，所需時間：2小時

材料

中筋麵粉…1斤
（約可做3～4張餅）
三星蔥…半斤
85度以上的熱開水…350㎖
鹽…1小匙
油…2大匙

做法

1 將85度以上的熱開水慢慢加入麵粉中。先加300㎖，用筷子調勻，若麵糰過硬再加入適量剩餘的熱開水。

2 攪拌完成後，待冷卻取出，用手將麵糰揉至光滑不黏手。

3 醒麵糰30分鐘。以保鮮膜或胚布將麵糰蓋好，於室溫中靜置。

4 將三星蔥洗淨，擦乾後切成0.4公分的蔥珠。

5 將醒好的麵糰切分成3～4個。擀成薄片，其中一面抹上一層油及少許的鹽。

6 將蔥花灑到**5**上方。麵糰由上往下捲起、像蛋捲一樣。

7 將捲好的麵糰分別從左右兩端往中心捲，在中心處一上一下疊起後，再次靜置麵糰，醒15分鐘

8 用手將餅直接壓開，下鍋加一點油，小火煎至兩面金黃。

壓薄一點吃起來比較酥脆，厚一點則可以嚐到麵香和Q彈口感。

煎餅時也可以另外加蛋或九層塔蛋等喜歡的食材，品嚐時再搭配一點醬油。

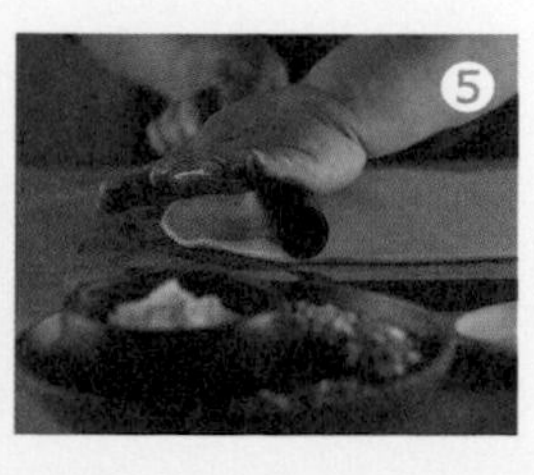

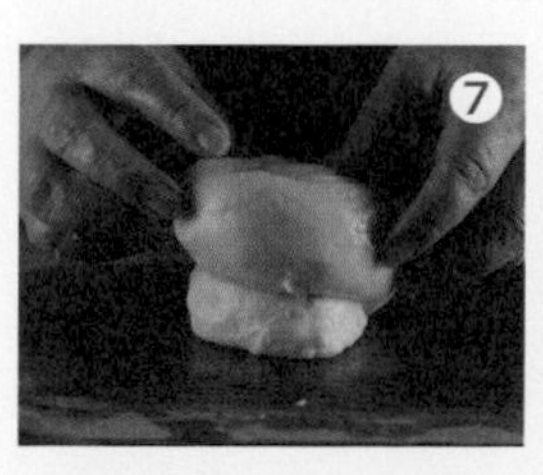

recipe 02

粉蒸豬肉

3～4人份，所需時間：3小時

彭阿姨的家常食譜

粉蒸豬肉是正統湖北菜色，也是彭阿姨從小吃到大的佳餚。

以帶皮的五花肉為主角，裹上傳統市場常見的蒸肉粉，下方則墊上地瓜或南瓜等澱粉類食材。粉蒸肉的口感，搭配沾滿五花肉金黃油脂的地瓜，就是令湖北人眷戀不已的家鄉味。

當彭阿姨在食憶或家裡烹調所有粉蒸類料理時，都會使用傳統的大型竹蒸籠。除了水蒸氣逸散良好、口感較佳、能使肉的油膩感降低之外，竹蒸籠淡淡的香氣，也會依附在料理之上。不過，如果家中沒有使用竹蒸籠的習慣，也可以用傳統電鍋來替代。

材料

〈主食材〉

五花肉⋯300克
地瓜⋯300克
蒸肉粉⋯1包
青蔥⋯1支
香油⋯少許

〈醃料〉

糖⋯1小匙
白胡椒粉⋯少許
醬油⋯1大匙
薑⋯3片
蒜頭⋯3瓣
香油⋯1小匙

彭阿姨愛用的蒸肉粉

做法

1 五花肉切成約3公分寬×0.5公分厚的大小，共8片。薑切片、蒜頭去皮稍微拍開、蔥切蔥花。

2 將五花肉片放入淺缽中，依序加入糖、白胡椒粉、醬油、薑片、蒜瓣，用手揉捏均勻。

3 再加入香油拌勻後，置於冰箱冷藏，醃漬2小時。

4 將地瓜洗淨去皮，切成一口大小的滾刀塊，放入平盤中。

使用蒸籠＋蒸籠巾或是平盤均可。

5 將醃好的五花肉從冰箱中取出，去除醃料，裹上一層薄薄的蒸肉粉。

6 將裹上蒸肉粉的五花肉擺在地瓜上方，放入竹蒸籠中。架於放了水的鍋上，以中火蒸40～45分鐘。

用電鍋蒸的話，外鍋約放2～3杯水。

7 45分鐘後開蓋，撒上蔥花後再蓋上多蒸3分鐘。

開蓋後可以試試看肉的軟硬度，若覺得太硬，可以加半杯水多蒸一會兒，至自己喜歡的程度。

recipe 03

鹹蛋絲瓜燴油條

3～4人份，所需時間：15分鐘

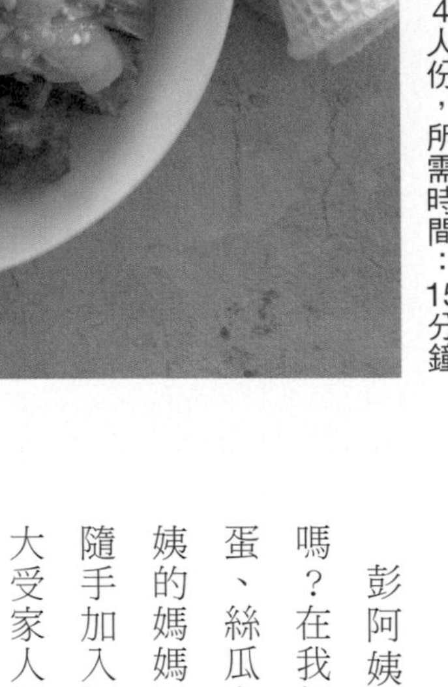

彭阿姨常說：「你們以為鹹蛋只能配苦瓜嗎？在我們家，可是配絲瓜呢！」這是因為鹹蛋、絲瓜和油條是彭家人都喜歡的食材，彭阿姨的媽媽靈機一動，把絲瓜和鹹蛋炒好後，再隨手加入過去常拿來當作主食的油條，意外的大受家人歡迎，也成為彭家小孩從小吃到大的家常料理。

有別於一般總給人湯湯水水印象的絲瓜料理，這道菜的湯汁近乎收乾，多餘的湯汁也吸附進了油條裡。鹹蛋的鹹香裹著清甜絲瓜，頗有另一番風味。

材料

絲瓜：1條
鹹蛋：1顆
油條：1根
蒜頭：2瓣
青蔥：1支
鹽：少許

做法

1 將油條剪小段，進烤箱烤至酥脆後放涼。

2 將鹹蛋的蛋白及蛋黃分開，蛋白部分切碎，蛋黃壓成泥狀。蒜頭切末、青蔥切成蔥花。

3 絲瓜削皮，切成半圓形的塊狀。

4 鍋內放1大匙的油，油熱後先放入壓碎的鹹蛋黃，炒至起泡後，再加入蒜末爆香。

5 加入絲瓜略微翻炒，轉小火加蓋燜煮至絲瓜變軟出水後，再加入切碎的鹹蛋白。

因為絲瓜會出汁，炒時不需再多加水。

6 起鍋前可以試一下味道看是否需要加鹽，再加入蔥花拌勻。

7 盤子先以油條鋪底，再倒上炒好的絲瓜鹹蛋就完成囉！

無私奉獻、個性溫暖的陳媽媽

陳媽媽，63歲。
菜系：台菜
食譜：麻婆豆腐
炒米粉
泰式涼拌海鮮

「有一種餓，叫媽媽覺得你餓。」當陳媽媽覺得你餓的時候，你不僅會得到口腹上的滿足，還有暖到心的靦腆笑容。

1 陳媽媽在家做家庭代工。

來自嘉義的陳媽媽，年輕時在製衣工廠工作，一路扮演女兒、母親、太太、嫂嫂、阿嬤各種角色，照顧一家老小數十年，還在教會、學校當志工，把「照顧大家」做成了一生的事業。

隻身上台北打拚

害羞客氣的陳媽媽，說起話來輕聲細語，臉上總堆滿笑意，讓人很容易親近。多年以前，她仍是單純天真的嘉義女孩，憑藉當裁縫學徒習得的本事，滿十八歲就隻身一人上台北找工作，「媽媽說女生一定要有一技之長，不然以後結婚帶小孩會很累。」

當時台北萬華大理街滿是製衣工廠，工作不難找，陳媽媽在其中一間待了下來。後來工廠移至三重，近水樓台，老闆的弟弟成為她的丈夫，結婚生子，一切順其自然，也就此正式落腳台北至今。

那個年代，身為太太、母親，負責煮飯理所當然。但因為嫁得遠，沒有媽媽在身邊可以請益，陳媽媽完全得自己摸索。「一開始只會煮香菇雞湯，但先生的兄弟姐妹眾多，春節家人們回娘家，要煮給一大家人吃，還曾被大姑

2 在教會做菜給教友吃。

的兒子嫌吃不飽。」想起青澀趣事，陳媽媽不好意思地掩面笑起來。

陳媽媽因此去救國團報名了年菜班，苦學佛跳牆等經典年菜，總算比較開竅了，隔年過年就有長足進步。大家的回饋也很直接，前一年嫌吃不飽，這一年乾脆「住到初三再回去」，滿意到不想走了！

婆家人丁龐雜，小姑們坐月子、生病，都是陳媽媽扛下照顧之責。家是堡壘，也是試煉，日日忙於照顧家人、孩子，一邊也在家繼續做裁縫、車衣服，在一個屋簷下經歷大半人生。

出身虔誠基督教家庭

嘉義老家六個兄弟姐妹，陳媽媽排行老二，母親在嘉義基督教醫院當廚工，也帶兒女受洗上教會，在教會當事工煮飯。或許是受到母親影響，煮給一大群人吃，就是陳媽媽愛心的具體表現。

北上之後，教會也成為她的生活重心之一。「我姑姑是師母，每到週日她會找我去教會，煮飯給從南部來台北工作的教友吃，大家平常打拚很辛苦，禮拜天就讓他們打牙祭、吃好一點。」

3 平時在多處擔任志工。

除了教友，還有兩個差八歲的兒子。大兒子當警察，小兒子在長照領域服務。「他們幼稚園同學的家長都成為我的朋友，每年中秋節都是二、三十人來家裡烤肉。兒子長大後，也常常帶朋友、同學來家裡吃飯，一次至少一、二十人。」

陳媽媽也是兒子先後就讀的三重光興國小愛心志工，一晃眼快三十年。「現在每週一天去保健室當志工，幫忙包紮、搽藥等等，下課時間再去當交通導護志工。」兩個兒子早已畢業多年，陳媽媽持續付出，變成大家的媽媽。

「我覺得照顧別人很不錯、很歡喜，可以交很多朋友，也能吸收新觀念！」已當阿嬤的她心思細膩，「在保健室聽年輕的老師跟護士閒聊各自的婆婆，我才知道，現在年輕人都要有自己的隱私跟空間，當婆婆的要如何跟媳婦互動等等。時代在變，我們也要進步跟調整呀。」陳媽媽眨眨大眼睛、認真地這麼說。

對年輕人要同理，對老人家也是，「在教會去關懷罹癌長輩，安慰人家打針很痛『要忍耐』，但對方聽到其實會生氣，所以還要學習溝通技巧，不能只叫人忍耐，要能感同身受，也順便瞭解自己年紀大了之後該怎麼辦。」照顧是專業，需要不斷學習、進修，陳媽媽在這方面是一百分的好學生。

專業照顧者的新舞台

聽陳媽媽說如何打點一家大小吃飯，簡直是善於調度和管理的專業經理人：「每個人作息都不一樣，所以我一天要煮好多次飯。媳婦透早就要出門上班，先準備她的早餐，兒子跟先生比較晚出門，而先生一定要吃熱的菜，所以也要算好時間煮飯、配合他們作息。有時他們下班比較晚，還要準備雞湯，回家就可以熱來吃。」問她為何如此堅持煮飯，回答也令人莞爾：「外面東西很難吃呀！」

近年來，陳媽媽的小孫女隨母親暫回金門，貼心的小兒子怕媽媽身邊少了孫女，在家無聊，想到媽媽做菜好吃，就鼓勵她報名食憶主廚。「我一開始也不知道食憶是什麼，反正兒子就Line給我。」試菜的時候，陳媽媽以為又是兒子的朋友來吃飯，還納悶，「這次怎麼這麼少人？」照樣端出招牌炒米粉、醉雞。

陳媽媽的醉雞有別於一般使用紹興酒，而是使用紅露酒泡製。「其實是有一次做醉雞，找不到紹興酒，剛好家裡有一瓶朋友用不到拿來的紅露酒。一試之下，感覺味道比紹興還要好！」從此成為陳媽媽絕招。有一陣子聽說紅露酒要停產了，擔心往後無料可下，還卯起來蒐集，從台北一路買到鄉下，

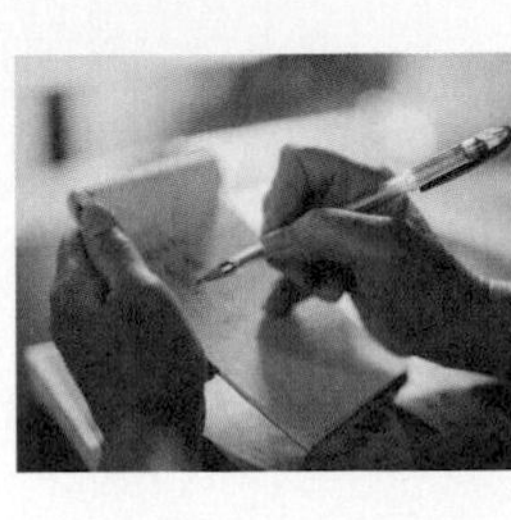
4 陳媽媽手寫食譜。

甚至叫南部的妹妹幫忙買，「想說囤起來可以做一輩子的量，結果還好後來又生產了。」陳媽媽說完，照例不好意思地笑了起來。

陳媽媽煮了一輩子的飯，但是來食憶還是會緊張，因為跟在教會煮大鍋飯不一樣，預算、品質都要考量。「我每次都邊煮邊禱告，希望一切順利，保守做菜的人、也讓吃的客人喜樂，心裡比較安心。」食憶也讓陳媽媽增加跟陌生人交流的機會，「比較有自信了！」

每次來食憶輪班，都不忘帶小點心來給夥伴，故鄉嘉義的特產餅乾、砂鍋魚頭，都是陳媽媽常帶的伴手禮。「大家都很熱心教我，每家吃的都不一樣，各家學一點，真感謝！」施比受更有福，總是付出的陳媽媽，散發著平安與喜樂，充滿正面能量。

recipe 01

麻婆豆腐

3～4人份，所需時間：25分鐘

陳媽媽的家常食譜

麻婆豆腐是大家耳熟能詳的代表中菜，也是陳媽媽的拿手菜之一。

陳媽媽的麻婆豆腐，比起一般餐廳的麻婆豆腐更加溫潤耐吃，主要是因為這是兩個兒子從小到大最喜歡的便當菜。

「以前幫兒子帶麻婆豆腐的時候，還會要求和飯分裝在兩個不同的盒子裡，因為他們都說裝在一起蒸起來不好吃。」講起這段回憶的陳媽媽，語氣仍充滿了愛。

材料

絞肉：150克
嫩豆腐：1盒半
竹薑：25克
（竹薑味道較濃厚，若無可以用老薑取代。）
蒜頭：20克
青蔥：35克
辣豆瓣醬：1大匙
醬油：1/2大匙
大紅袍花椒油：40克
油條：1條
太白粉水：少許
大骨高湯：適量

做法

1 油條剪成1口大小，並用烤箱烤至酥脆。

2 竹薑、蒜頭切末，青蔥切蔥花，豆腐稍微瀝乾水分，切塊備用。

3 鍋中放油，將絞肉炒香至上色。

4 將薑末、蒜末加入鍋中拌炒一會兒後，放入辣豆瓣醬炒香。

5 加入醬油和大骨高湯。

6 放入切塊的豆腐，煮滾2、3分鐘後，分批加入太白粉水勾芡。

依個人口味，在煮滾後可以加入一點糖，讓口味更平衡。

7 最後撒上花椒油、蔥花和油條就完成了。

tips

自製花椒油

準備大紅袍花椒100克、薑片35克、蔥25克（蔥白蔥綠分開）、沙拉油500克。熱油先炸蔥白至金黃時加入薑片、氣泡變少時加入蔥綠、蔥綠轉為金黃後將材料全部撈出。繼續熱油至溫度約160～170度時將油倒入花椒中，邊倒邊攪拌，花椒變成金黃並浮起時將花椒撈出，花椒油就完成了。

recipe 02

炒米粉

曾有位客人吃完炒米粉後，向陳媽媽道歉說：「一開始看到炒米粉時還覺得沒什麼，沒想到一吃完驚為天人，沒想到是這樣的人間美味，真的很抱歉一開始這麼輕蔑。」

陳媽的炒米粉都使用自己熬的雞湯，偶爾做素食的版本，也會不厭其煩地熬煮蔬菜高湯。而且，陳媽媽認為炒米粉的精華在於拌炒的過程，因此，無論份量多寡，她總會花上二十分鐘以上，細細炒勻炒好，米粉的香氣，不是偶然。

3～4人份，所需時間：40分鐘

材料

〈主食材〉

米粉…一包200克
五花肉…半斤
乾香菇…10朵
雞高湯…200㎖
金勾蝦…10克
紅蔥頭…20克
紅蘿蔔…半條
高麗菜…200〜300克
芹菜…50克

〈調味料〉

醬油…2大匙
糖…1大匙
白胡椒粉…1小匙

做法

1 五花肉、紅蘿蔔、高麗菜切絲。

2 金勾蝦泡軟，香菇泡軟後將水份擠乾，切絲備用。

3 紅蔥頭、芹菜切末。

4 取一鍋，先將香菇乾煸後起鍋。

5 在同一個鍋中下一點油，加熱後放入紅蔥頭炒至金黃，再加入肉絲炒香。接著放入金勾蝦、乾煸後的香菇，炒到香氣散出後，加入**〈調味料〉**的醬油、糖、白胡椒粉，撈起備用。

6 煮一鍋熱水，將米粉以熱水汆燙至水滾後撈起。

熱水中可以加一點醬油、糖和白胡椒粉（份量外）一起燙，讓米粉更入味。

7 熱鍋先炒紅蘿蔔絲，炒好後加入高湯煮滾，加入一點鹽（份量外）和白胡椒粉（份量外），接著加入米粉，進鍋拌炒。

炒米粉時需要保持耐心，連續翻炒，避免米粉結塊，並讓高湯均勻沾附。

8 炒約20分鐘收汁後加入高麗菜絲，稍微燜一下準備起鍋。

9 在鍋中加入芹菜末和**5**炒好的配料，拌勻後就完成了。

若手邊剛好有香菜，可以放在米粉上做為點綴。

recipe 03

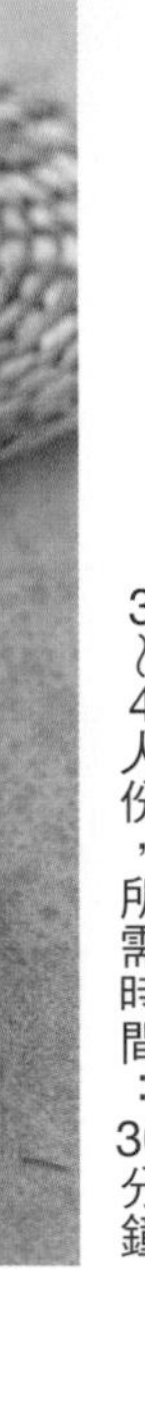

泰式涼拌海鮮

3～4人份，所需時間：30分鐘

陳媽媽的家常食譜

這道充滿東南亞風味的菜餚，和擅長台菜的陳媽媽似乎搭不在一起。

原來這道料理是陳媽媽之前去上長照課程時，同學中的一位越南媽媽帶來請大家吃的。吃完後，陳媽媽覺得實在太美味了，便向越南媽媽請教做法，回家後發揮創意，自己調整出了口味偏台式一些的配方，沒想到大受家人歡迎，尤其在夏天食慾不好時，可以一口氣吃上好幾盤呢！

材料

〈主食材〉

中卷⋯1條
蝦⋯半斤
（草蝦、白蝦、劍蝦均可）
洋蔥（小）⋯1個
玉女蕃茄⋯100克
嫩西洋芹⋯2~3支
大辣椒⋯1條
小辣椒⋯1/2條
香菜⋯⋯40克
蒜頭⋯⋯50克

〈醬料〉

魚露⋯4大匙
糖⋯3大匙
檸檬汁⋯6大匙

做法

1. 中卷洗乾淨、去除內臟不扒皮，切圈狀。蝦子洗淨不去殼。
2. 洋蔥洗淨後先剖半，再縱切成條狀。不需泡水。
3. 玉女番茄洗淨切對半、西洋芹切斜片，小辣椒切斜片、大辣椒切斜段、蒜頭切末、香菜切小段。
4. 煮一鍋熱水，水快滾時放入中卷，至中卷變白時撈起，泡飲用水放涼後，將水份瀝乾。
5. 鮮蝦也放進滾水中燙熟。放涼後剝殼，從背部切開洗淨沙腸。
6. 將魚露、糖、檸檬汁依**〈醬料〉**食譜比例調和，並與蒜末、小辣椒片一起裝進袋中。
7. 將大辣椒、洋蔥、西洋芹和一些香菜，也加入裝有泰式醬汁的袋中，搖一搖。
8. 將中卷、蝦和玉女番茄淋上醬汁後拌勻，再以剩下的香菜做最後點綴。

熱心爽朗
又豪邁的

王媽媽

王媽媽，61歲。
菜系：台菜、眷村菜
食譜：桶子雞翅
　　　白花椰炒中卷
　　　獅子頭

王媽媽是屏東的魚店女兒，年紀輕輕就上台北找工作，後來遠嫁基隆。個性爽快的王媽媽幫夫教子，又因為家裡整天都有大群朋友來玩，練就了輕鬆就能餵飽十幾人的好手藝。

1 年輕工作時手繪的設計圖。

王媽媽是食憶的元老級成員，學美工設計的她，在忙碌的工作和家庭生活之餘，持續創作，食憶牆上的美麗畫作，幾乎都出自她的筆下。用畫筆表達獨特自我，其他生活裡的酸甜苦辣，則用大笑幽默以對。

從台灣尾到台灣頭

小心翼翼翻開手中的資料夾，王媽媽向我們展示一張張稍微泛黃，卻仍精緻工整的手繪珠寶設計畫稿與廣告文宣。「以前沒有電腦排版，一筆一畫都要手工製作！」年輕時在雜誌社、珠寶公司的工作成果，濃縮了青春的精華歲月，她悉心珍藏至今。

成為王媽媽之前，她是屏東里港長大的陳小姐。爸媽在家門口擺攤賣魚，身為賣魚人家的孩子，當然要懂魚。每到了重要節日，凌晨一、兩點就得起床幫忙。印象中，家中餐桌每一頓都有魚，媽媽煮的烏魚米粉，是記憶中的童年美味。

做生意的父母鎮日忙碌，對孩子很有威嚴，「對爸爸的印象，就是每天晚上他都用很重的大算盤『噠噠噠』算帳。所以人家說『跪算盤』是有道理的，因為算盤真的很大！」

身為家中唯一女生，從小學習鋼琴、手風琴，「以前鄉下認為有錢人才能學音樂，可能比較疼女兒，所以讓我學東學西吧！」

「鄉下的女生」要會琴棋書畫，還要工作能幹。國小開始就被媽媽叫去幫忙家務、煮飯，長大了也不例外，「就算離家讀書、工作、結婚，每次回屏東還是會被媽媽叫去做家事，一點也閒不得！」

王媽媽陰錯陽差沒有繼續音樂之路，卻學起繪畫和平面設計。台南家專美工科畢業後，遠遠離開家鄉，上台北找工作，跟同學一起賃居在臨沂街。那一帶的老公寓，聚集了許多剛出社會的年輕人，工作之外的生活、玩樂，都湊在一塊兒，也在這裡認識了未來的先生。「他們一群基隆來的住在一起，很常跟我們約出去玩，去爬高山。玉山、雪山都去。」

身材高大的她跟男生重裝去爬山，並沒有享受女生的特權，「因為我比較高，所以很多東西都讓我背，其他女生都不用背這麼多！」第一次爬山就因為背得太重，只好留在山莊等隊友回來，沒能登頂。

後來她跟王先生結了婚、搬到基隆，生兒育女後，「陳小姐」變成「王媽

2
（右）與先生年輕時的合影
（左）小時候上台表演手風琴

媽」，從台灣尾到台灣頭，除了要適應多雨濕冷的天氣，也要適應完全不同的飲食。

南北飲食大不同

公公是山東人，在基隆暖暖的過港社區當警察，「他鄉音重，講話都聽不懂！」外省人家庭以麵食為主，跟王媽媽的南部胃大相逕庭。「其實我自己不太愛吃麵食類，小時候在南部都是吃飯，我們吃稀飯都是濃稠的，但北部是飯湯。然後他們外省人吃好多豆干、素雞，我們則是吃豆腐，飲食習慣真的很不一樣！」反過來，第一次去里港拜訪親家的老公也不習慣，「他第一次去我家就嚇到，怎麼桌上這麼多魚！」

跟同世代大部分的女性一樣，變成王媽媽之後，逐漸淡出職場，專心帶小孩，也開始認真煮飯，看電視跟名廚李梅仙、傅培梅做菜。「很多人說帶小孩之後就沒時間煮飯，我是覺得要有興趣啦，有興趣才會煮。很多人問我一些菜怎麼做，我回說，你問一問也不會煮啊！」

興趣使然，她會手抄食譜，再勤加練習，還自己研發加了爆米香的獅子頭，

3 在基隆仁愛市場二樓聽王媽媽說故事。

做好後先冷藏入味，不加任何粉料。朋友稱讚她做菜好吃，她聳聳肩自我調侃：「大家都這樣說，也不知道講真的還是講假的！」至少應該是備受小孩肯定，「五丁寶」將瘦肉丁、豆乾、筍子、紅蘿蔔、毛豆一同炒過，是她常做給孩子的便當菜，非常下飯。「我兒子中午一打開便當，就被同學挖了好幾口！」

先生從事醫療器材業務，平日工作繁忙，要應付醫事人員需要、隨call隨到送貨。不會開車的王媽媽，也得學著騎摩托車，在基隆幫忙跑業務，偶爾還要搞定應酬喝酒後很盧的王爸爸。

獅子頭各有千秋

在兒子的鼓勵下，王媽媽從食憶草創時期就加入，試營運期間，還發生過糗事。「在家裡做好了獅子頭，兒子開車載我來餐廳之前，還問我有沒有記得帶八角。結果到了餐廳，發現八角帶了，卻沒有帶獅子頭！」趕緊請人還在基隆的先生開車送來，「真的好緊張！」

驚險狀況不只一次。有一回要做雪菜炒毛豆，開始炒之前，才發現忘記帶雪菜，幸好行政主廚反應快，趕緊改了菜單順序應變。

「家人不挑食，隨意煮都好，但煮給外面的人很有壓力。」在家中做獅子頭比較隨性，可以時大時小，但在餐廳就需要控制大小一致，「剛開始當主廚，不太會抓份量，往往都會煮太多，所以每一次的份量都要記錄。」

說起獅子頭，幾乎是食憶每一位長輩主廚都會做的菜，但各有千秋，有放了客家梅乾菜，也有眷村式、台式做法，肥瘦、絞肉粗細、口感、調味都不一樣，炸的程度也各有所好。樣樣都精彩，都是家傳獨一無二的味道。

屏東陳小姐成為基隆王媽媽，日子久了，也漸漸習慣北部的濕冷了。在忙碌工作之餘，還可以偷閒去社區大學學水彩畫、辦聯展。縱使對家庭生活絮絮叨叨，但一執起畫筆，她又可以短暫沉浸在「陳小姐」的青春狀態，享受美好的自我時光。

recipe 01

白花椰炒中卷

3～4人份，所需時間：20分鐘

「這是我們屏東鄉下的菜啦！不知道你們吃得習不習慣？」這是王媽媽從小吃到大的一道菜，也是她對母親的回憶。

小時候家裡賣魚，海鮮取得容易，而嫁到基隆港都，也產海鮮，所以這道菜也順理成章，登上了王家餐桌。不僅王爸爸喜歡，更是孩子們心目中家的滋味。

王媽媽做這道菜，最在意的是爽脆的口感。因此花椰菜和中卷都是燙完冰鎮再炒，調味則是酸酸甜甜的。

材料

中卷…1條
洋蔥、白花椰…各半顆
蒜頭、紅蔥頭…各3粒
老薑…5～6片
青蔥…2枝
紅辣椒…適量
大骨高湯…約1碗
醬油…1大匙
鹽…2/3小匙
米酒…半碗
糖…1大匙
白胡椒…少許
太白粉水…少許
烏醋…2/3大匙
香油…少許
冰水…1盆
（冷卻中卷和花椰菜用）

做法

1 中卷去除內臟後切圈。洋蔥順紋切條，白花椰菜洗淨、切成中小朵。

2 蒜頭、紅蔥頭、老薑切片，蔥切段、紅辣椒切成粗絲或切段均可。

3 煮一鍋熱水。在鍋底冒出小泡時加入中卷，泡約2分鐘至中卷半熟，關火撈起。將中卷放入冰水中，略洗1～2分鐘降溫後取出，瀝乾水分。

4 將熱水煮滾後，放入白花椰菜燙約2～3分鐘，至約七分熟時撈起，再丟入冰水中降溫後取出，瀝乾水分。

5 起一油鍋，熱鍋後放入洋蔥略炒，接著放入蒜片、薑片、紅蔥頭爆香，放入中卷略炒過後，沿鍋邊熗入醬油，再加高湯，煮2～3分鐘。

6 放入燙好的花椰菜、鹽、米酒、糖、胡椒粉、蔥段和辣椒絲，蓋鍋悶一下。

糖可以依個人口味增加。

7 最後以太白粉水勾薄芡後，淋上少許香油和烏醋。

- 喜歡吃辣的話，可以把大辣椒改成朝天椒或雞心椒，並在步驟**5**一起爆香。
- 若想增添配色、手邊也有食材，可以減少一些白花椰菜的份量，加入荷蘭豆、紅蘿蔔絲或黑木耳。一樣預先燙好後，在步驟**6**加入即可。

recipe 02

桶子雞翅

3～4人份，所需時間：40分鐘

王媽媽的家常食譜

這道菜榮登王家兒子的最愛第一名，也是王媽媽最得意的料理之一。

如果問她：「為什麼叫桶子雞翅？」爽朗的她會直率地說：「欸，我也不知道耶，會不會是以前在桶子裡面做的？」總之命名來歷不明，不過好吃順口絕對無敵。

雞翅滷過再烤，讓表面增添了酥脆口感，如果家裡有噴火槍也可以使用看看喔！

材料

〈主食材〉

仿土雞三節翅…4隻

水…3碗

醬油…1.5碗

米酒…半碗

冰糖…半碗

大辣椒…2支

小辣椒…1支

〈裝飾〉

白芝麻…少許

做法

1 在鍋中放入水、醬油、米酒、冰糖和辣椒，直接煮滾。

2 在鍋中放入雞翅，蓋上鍋蓋以中小火煮約20～25分鐘後熄火。

3 將雞翅浸於醬汁中，至溫度略下降時撈出雞翅，靜置放涼。

4 起一小鍋，取出少許熬雞翅的醬汁，煮至濃稠狀態。此時可依個人口味，另外再加一些冰糖（份量外）和米酒（份量外），將醬汁濃縮至原本份量的一半左右。

5 用烤肉刷把收好的醬汁塗在雞翅上，放入260度的烤箱烤約2～3分鐘至上色。

6 最後撒上一些白芝麻就完成了。

recipe 03

獅子頭

王媽媽的獅子頭，可說是眷村菜和台灣菜的融合體，獅子頭的底蘊是眷村濃濃的鄉愁，而裡頭的佐料則是台菜精神。

因為強調手感，她在自家做的獅子頭常常大小不一，就像她大剌剌的個性，不過一口咬下，紮實的口感和滿滿的肉香，既直接又充滿誠意。

王媽媽不記得這道菜是跟誰學的了，不過她可以保證，這道食譜是她經過多年嘗試得到的最佳比例，加在裡頭的爆米香則是她的獨門小祕方。

3～4人份，所需時間：4小時

材料

〈獅子頭食材〉（約8～12顆份）

綜合絞肉…1斤半（五花肉加梅花肉或後腿肉）
蛋…1顆
傳統老豆腐…1/4塊
青蔥…6～7支
薑…適量
鹽…1小匙
香油…1小匙
醬油…1～1.5大匙
糖…1小匙
米酒…1大匙
太白粉…1大匙
蔥薑水…約4匙

白胡椒粉…少許
低筋麵粉…300克

〈湯頭〉

大白菜…1/2～1顆
大骨高湯…1200～1500mℓ
八角…1/2瓣
米酒…1大匙
醬油…1～1.5大匙
白胡椒粉…適量
冬粉…1把
鹽…少許
香油…少許
蔥絲…少許

note

蔥薑水

王媽媽的做法是將蔥、薑都切絲後泡在水中，略抓一下再泡一會兒，將蔥、薑撈出就完成了。將蔥薑水分次拌入內餡的動作，稱為「打水」，能讓獅子頭的口感更Q彈多汁。

低筋麵粉

主要是裹獅子頭使用，量多準備一點，比較容易裹上。

做法

1 買回來的絞肉再剁20分鐘，增加黏性。白菜洗淨，將梗與葉分開切大塊。

2 絞肉中加入〈**獅子頭食材**〉份量的鹽、香油、雞蛋、醬油、糖、米酒與太白粉。

3 蔥切細末、薑磨成泥、豆腐於細網中壓成泥，加入絞肉中

4 將蔥薑水分三次加入絞肉中。

5 將混合好的絞肉放於容器中，以順時針方向攪拌均勻。

6 攪拌好後，放入冷凍約半小時，再移入冷藏靜待2～2.5小時。

7 將約65克絞肉捏一粒，用手摔打後捏成圓狀，並在獅子頭表面沾上薄薄的低筋麵粉。

8 起一炸鍋，倒油後加熱至約160度，將獅子頭下鍋炸至金黃色撈起。

9 另起一砂鍋，放入高湯、八角、米酒、醬油，以大白菜梗鋪底，再放入獅子頭、灑一點白胡椒粉煮約15分鐘，再加入大白菜葉，續煮20分鐘。

10 冬粉以常溫飲用水泡約10分鐘，待變軟加入湯中煮滾。

11 最後視個人口味加入一點鹽、淋上少許香油，撒上蔥絲裝飾。

tips

王媽媽的祕訣是在獅子頭裡加入爆米香的米粒，據說有的人可以吃到米粒的香氣喔！

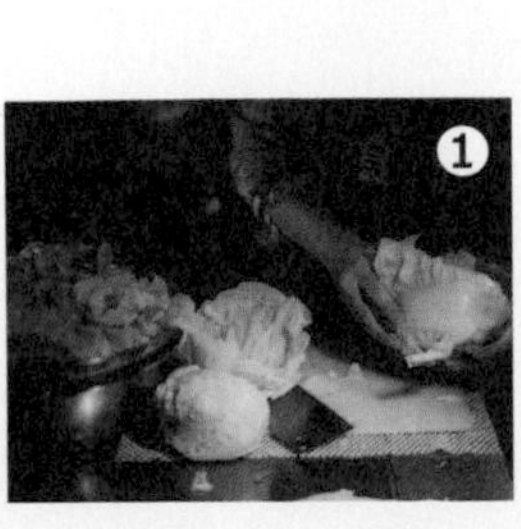

1 王媽媽在食憶營運早期就已加入。

2 在食憶現場與客人聊天的王媽媽。

風趣幽默的
雨都里長

戴爸爸

戴爸爸，65歲。
菜系：山東菜
食譜：山東燒雞
炸醬麵

祖籍山東的戴爸爸是土生土長的基隆人。個性熱情又好客，來食憶最喜歡倒杯酒四處認親，下廚充滿架勢的他，也是兩個女兒的爸爸。

1 戴爸爸講起故事來，大家都聽得入了迷。

剁下黃瓜頭，貼在眉心，戴爸爸開始拍黃瓜，展開料理招牌菜「山東燒雞」的架勢！這位山東大廚同時是熱心公務的里長、妙語如珠的說故事高手，更是老基隆歷史風華的最佳行銷大使。

港口邊的委託行

戴爸爸的成長環境，曾見證一段獨特的台灣歷史。鄰近基隆港邊仁愛商圈的「委託行」，是一九五〇至一九八〇年代，各地舶來品進入台灣的第一站。除了有歸國船員帶回家的日用品，也有美軍船員轉賣的二手物品，經過委託行商家，轉賣流通到台北萬華、晴光市場、桃園大廟、新竹城隍廟等地。

在出境受管制、國內外交流稀缺的年代，委託行販售的舶來品，在當時是時髦、潮流的象徵。許多人會專程來到基隆的委託行商圈尋寶，購買市面上難得一見的外國服飾或配件。

戴家開設的「華洋百貨店」，也是委託行商家的一員。「委託行分街邊、巷內。街邊的店做零售，櫥窗很好看，就像是現在的選物店。我們巷內主要是做批發，常常要留好貨給熟客，假日摩肩擦踵，小巷裡面都是人。」

一九七〇年代越戰時期，許多美軍物資流落到越南黑市，又經過商船到台灣來，「我從小就見過很多美軍的軍用品，還有一九四五年、二戰期間的小刀，甚至還有美軍的畢業戒指。那些美國大兵上岸了，就把這些東西賣給在地人。」日後他回山東青島探親，也在港口邊看到類似的東西，原來美軍也曾駐紮過青島，兩個港口共享過同一段歷史。

戴爸爸小時候適逢美援時代，穿過很多麵粉袋做成的內衣褲，還有翻修二手的美軍大衣。這些具有時代感的特殊物資，讓很多基隆婦女變成巧手裁縫，經營起裁縫行。「我媽媽也做裁縫，手非常巧，到現在她那把剪刀我還留著。」全盛時期，家裡雇用四位裁縫女工做衣服，在一旁探頭探腦的小戴，也可以依樣畫葫蘆，畫出各種打樣、版型。

隨時代消失的榮景

戴家開始經營利潤更高的委託行之後，戴媽媽就不做裁縫了。「我從小上學，背包就插一包日本船員帶來的巧克力，發給同學，很拉風。」戴家的百貨行曾經主打韓國貨，「有整套的漂亮床罩組、化纖毛毯，很多人嫁女兒，都要來我們家這邊買。」其他還有各種韓國食品，琳琅滿目。

2 戴爸爸與基隆市場的吉古拉攤。

戴爸爸笑說，因為生意很好做，加上基隆好吃的小吃也多，上學不愛帶便當的他，直接拿零用錢去外頭吃。「家裡油水比較多，吃外面就好，不然帶便當去學校蒸，都是蒸飯箱的味道。」

然而這般榮景，在一九八〇年代後期觀光業興起後，就成過眼雲煙。「很多人有機會出國了，才知道那些船員或大兵帶來給委託行賣的東西，都只是國外的地攤貨、批發折扣下來的過季打折品！」舶來品的魅力隨之消失，委託行也漸漸沒落。

委託行除了讓台灣人得以購買舶來品、過過出國癮，也扮演兩岸交流的民間管道。例如香港中環許多「配貨店」，就是基隆委託行的上線，兩岸尚未開放探親之前，很多大陸親友會寄信到香港配貨店，再由欲前往台灣的船員帶進基隆，「這是基層市民的管道。」

空軍退役、有導遊執照的戴爸爸，信手捻來皆是歷史，說不完的地方軼事。頗具語言天分的他，家裡雖是山東人，但他台語說得很不錯，就連福州話、寧波話都可以說上一點，分辨各省口音更是輕而易舉，「處處留心皆學問囉！」

3 戴爸爸在食憶。

山東的麵糰在基隆發酵

基隆作為港口城市，是當年許多外來人口踏上台灣土地的第一站。加上碼頭業曾興盛一時，許多台灣中、南部人也會跑來基隆討生活，因而讓基隆美食小吃，融合進各地特色。許多人熟悉的「鼎邊趖」，就是從福州小吃「鼎邊熟」演變而來。

生長在山東家庭，各類麵食、水餃、包子饅頭是必備必學，「這些麵食，我們是絕對不會去外面吃啦！」媽媽做一手好菜，戴爸爸自謙「學不到十分之一」，但介紹起各類麵糰的差異，戴爸爸可是口若懸河。

「餃子是冷水麵、燒餅屬於燙麵，山東饅頭則是發麵，老麵糰裡都是酵母菌。天冷不好發麵，溫度太低的話室內要生個火爐。」另外還有一百度燙麵、八十度燙麵，各有不同口感。「小時候媽媽做麵時，會給我一塊麵讓我去旁邊玩，慢慢看、看多也就學會了。」

問起戴爸爸為何精於做菜之道。「我上面只有一個哥哥，家裡沒女生，我是家裡比較好用的人啦！」

做菜是生活必須，也是興趣，在基隆豐富的小吃文化中成長的戴爸爸，自然是耳濡目染，也經常跟身邊的山東長輩、鄰居老媽媽請益。做山東燒雞前，先切下小黃瓜頭、貼在眉心，也是跟一個長輩大爺學來，從此變成做菜前的固定儀式。「眉心一涼，心也會整個靜下來，告訴自己，該好好幹活了！」

他的絕招還有特製山東炸醬，「外面賣的炸醬都太制式化了，其實炸醬就是『咖哩』的概念，是大雜燴，愛放什麼就放什麼，自由發揮創意！」除了提甜味的洋蔥是必備，其他都可以隨喜好加入。

多元融合，可以體現在市井文化、也可以體現在個人特色上，戴爸爸就是最好的例子。

recipe 01

炸醬麵

對山東子弟的戴爸爸來說，炸醬麵是基本中的基本，據戴爸爸所說：「每個山東人家裡都有自己獨有的炸醬麵。」多方打探之後，我們得知戴家的祖傳祕方就是「洋蔥」，而家住基隆的他又做了進化：因地利之便，從旁邊的坎仔頂就能取得海鮮，於是他的炸醬麵就成為很多人一試成主顧的好味道。

戴爸爸在做炸醬麵時會展現好刀工，把所有食材都剁得極碎，口口鮮甜，口口驚喜。吃的時候也不忘提醒大家：「拌麵就要大把大把地拌，大口大口地吃。」這就是戴家風格的豪邁山東味。

3～4人份，所需時間：30分鐘

材料

絞肉…半斤
豆干…半斤
海鮮…少許
（種類隨意都可以，蝦米、章魚腳等）
洋蔥…1顆
甜麵醬…1/4斤
沙拉油…1/3斤
（比甜麵醬多一點）
細白生麵…1斤
冰鎮用冰水…一盆
黃瓜絲、蛋絲…適量
（依個人喜好準備）

做法

1 豆干切絲、洋蔥切碎丁、海鮮也切成碎丁備用（以上都愈細小愈好）。

2 起油鍋、加入1/3斤沙拉油，油溫大概80度時，放入甜麵醬，把醬「炸」一大概2分鐘。

3 將絞肉與**2**的炸醬拌炒一下，再依序放入豆干絲、海鮮丁，過程可以適度的加一點油和水。

4 最後放入洋蔥丁，拌炒約2分鐘後，「炸醬」就完成了，把醬靜置在旁邊保溫。

5 煮一大鍋約1500㎖的水，水滾後下麵，以中大火蓋鍋煮滾後，再加入600㎖的冷水，再度蓋鍋煮滾。

6 水滾後把麵撈起，放入冰水中冰鎮約1分鐘，把麵撈起濾乾。

7 將麵裝碗。可依個人喜好，加入黃瓜絲和蛋絲，最後拌上炸醬就完成了。

山東燒雞

3～4人份，所需時間：3～4小時

提到山東，就不能少了燒雞，戴爸爸的山東燒雞也是愈來愈難吃到的老味道，而燒雞的烹調方式繁瑣，現在已經很少人願意嘗試，但戴爸爸卻把做燒雞當成一種生活情趣，不管是給家人吃或是宴客，都很能顯現出戴爸爸好客的個性。

滿滿的蒜頭和小黃瓜是戴爸爸做這道菜時的「二寶」，因此戴爸爸的山東燒雞雖口味重，卻相當爽口。

材料

〈主食材〉

仿土雞腿…2隻
小黃瓜…2～3條
青蔥…1把
中薑或老薑…1塊
八角…1顆
花椒粒…1小匙
蒜頭…5～7瓣
（依個人喜好）
香菜…少許
醬油膏…適量

〈醬料〉

醬油、白醋…各適量
（和雞汁的量一樣）
香油…少許

〈裝飾〉

香菜、蔥絲…少許

做法

1 雞腿洗淨，拿醬油膏塗抹表面並靜置2小時，主要是幫雞腿上色和提味。

沒有醬油膏的話，也可以用甜麵醬替代。

2 薑切片、青蔥切段備用。

3 起油鍋，當油溫約120度時將雞腿放入，炸約3分鐘至半熟狀態，表皮略為金黃。

4 取一有深度的盤子放入雞腿，在上方撒上蔥段、薑片、剝開的八角與花椒粒，用蒸籠或電鍋蒸30分鐘。若使用電鍋，外鍋約放1杯半的水。

5 取出雞腿放涼，並倒出蒸雞時流下的雞汁。

6 調製醬汁。在蒸雞留下的2/3雞汁中，加入醬油、白醋。三種醬料的比例是1：1：1。

7 小黃瓜洗淨，用刀的側面拍碎再斜切成段，若有瓜囊可取出。蒜頭切末。

拍小黃瓜時，可以在小黃瓜上墊一層塑膠袋或保鮮膜，防止小黃瓜飛濺。

8 雞腿放涼後，用手將腿肉撕下。與小黃瓜一起放入大碗或鋼盆中，加入蒜末、**6**的醬汁和一點香油拌勻。

9 加上香菜和蔥絲點綴。

家住客家莊、喜歡鑽研的
吳阿姨

吳阿姨，60歲。
菜系：客家菜、創意料理
食譜：麻辣宮保麵腸
土豆炒臘肉
客家柿餅雞湯

喜歡美食的吳阿姨，也在意配色與創意，可說是食憶的料理魔法師。她從搬到龍潭客家莊後開始鑽研客家料理，做菜的靈感來源是「逛市場」。

1 食憶的長輩主廚們一起去逛菜市場。

曾是酷酷的運動用品店老闆，吳阿姨從小就對動手料理有高度好奇心，並對食材的可能性保有旺盛的探索熱忱。她的祕訣是經常往市場鑽，多聽、多問、多學，將各方資訊，收納進自己的創意百寶箱。

在菜市場讓想像力馳騁

端上柿餅雞湯之後，吳阿姨手裡拿著一顆暗橘黃色的柿乾，逐桌秀給食憶客人看。「你看這層白白的結晶糖霜，是柿子曬乾後結晶形成的果糖與葡萄糖，這都是柿子本身的甜份，不是另外加糖。」喝一口湯，在預期的鮮美雞肉之外，果然有一股淡雅甜香。

面對來客嘖嘖稱奇，她笑說：「雖然這是常見的客家家庭料理，但是一般客家餐廳幾乎不曾見過。可能是柿乾的成本比較高，加上需要大量食材、又需時間燉煮才會入味，不符合餐廳經營效益。」如同廣式煲湯經常加入無花果乾共燉，柿乾燉雞湯具有潤肺、止咳、保護氣管的食療效果，讓人在肺炎餘波中，吃下一顆甜美的定心丸。

柿乾是吳阿姨在桃園龍潭逛市場時，無意間發現的寶物，這裡距離新竹新

2 吳阿姨在家中與我們分享她收藏的食譜。

埔近，經常能發現道地的客家食材。「我很喜歡逛市場，到處聽、到處學，也很容易被推坑買東西，攤販告訴我可以用柿乾燉雞湯，就買回來試試看，真的很驚豔！」

有句話說：「對人生懷疑的時候，就去逛菜市場吧！」肉類的鮮腥、蔬菜的清脆、魚蝦的活潑、加上攤販此起彼落的吆喝聲，刺激了人的五感，也讓想像力盡情馳騁。菜市場是生活裡轉個彎即到的尋寶場，這個道理，吳阿姨從很小就發現了。

「小學二年級左右，在市場的零食攤吃到一種外層包了酥脆炸麵衣的花生，鹹甜交雜好好吃！我左思右想如何做，就買了花生回來用麵糊裹好炸，不過沒有成功啦！」回味兒時滋味，吳阿姨露出陶醉的神情，基隆長大的她，老家離熱鬧的仁愛市場非常近，市場就是拓展味覺經驗的出發點。

認真執著地面對料理這件事

從學校畢業後，進入知名的福樂公司工作，又是跟吃有關。「因為在門市部門，常常需要跟著經理到處看店面、研究菜色如何變化，也經常會去天母一帶品嚐觀摩各家西式餐點。」工作所需，激起她研究食譜的動力，「我喜歡看『食全食美』節目，邊看邊做筆記，早期的民生報也有美食版面，我會剪報留存食譜，一本本妥善收存。」

除了食譜，喜歡吸收新知的吳阿姨還熱衷蒐藏飲食文學、食物歷史書，談起喜歡書津津樂道，不過她謙虛地說：「我看書有障礙，看一下就會不專心，不像我先生智商高，可以邊打牌邊看書！」

認真之外，執著的她還配備強大行動力，「有一次我買了一本日本料理食譜，發現食譜步驟寫得太含糊了，當時還寫讀者回函去建議要寫清楚一點。出食譜也是要負社會責任的，因為寫出來要讓別人能夠做得出來呀！」

婚後搬到桃園龍潭，為了就近照顧小兒子，接手小叔的店面開體育用品店，自己當老闆。住在客家社區，開啟了逛客家市場、學做客家菜的契機，市場裡的攤販和所見所聞，就是現成教室。

「有一陣子嘗試學做湯圓、蘿蔔糕，一開始水粉比例掌握得不好，看很多網路教學，都不太對，所以碰到客家人就會東問西問、旁敲側擊，或者去問市場攤販怎麼煮，其實只要願意多問，人家就會願意講。」

要得到訣竅，臉皮得厚一點，「有一次，問一個市場賣餛飩的大姐，為何她的東西這麼好吃？她說『我會挑啊』，後來再去問才知道，她指的是會挑豬肉的部位。」

多數食譜的文字描述，在講求精確的吳阿姨眼中，常常不夠完善，跳過太多細節。因此對自己要提供的食譜，她主張不藏私，完整分享。

自我要求，還展現在農曆過年期間，天天都做不同的菜！她對食材的見解也獨具特色：「我最討厭煮熟的小黃瓜入菜，有種『逼良為娼』的感覺，小黃瓜就應該要脆脆涼涼的，所以我只吃生的或醃漬！」

退而不休的行動派

開了二十多年運動用品店，吳阿姨自覺有職業倦怠，於是把店面讓給弟弟做烘焙店，開始了退休生活。先生、兒子長期在中國工作，但高中就通車來台北念書的她，性格獨立、對台北熟門熟路，勤勞參加各式各樣的活動、課程，偶然看到食憶資訊，單槍匹馬就來吃飯，跟陌生人併桌也不介意。「當時聽到還在徵主廚，心裡掙扎了一下，鼓起勇氣還是報名了！」

3 兒時與父母攝於陽明山。

行動派的勇氣，在退休後持續帶著她到處走動，嚐遍旅行的滋味。例如「豬腳薑醋」，用廣式甜醋和薑烹煮豬腳、雞蛋，滋味酸甜，在港、澳是產後女性坐月子的補品，也是許多宴席上常見的菜餚。

「一開始是看電視節目知道這道菜，後來去澳門玩的目標之一，就是吃到這道菜，找到了就很興奮，吃過之後，回家也想自己試做。」

食憶開啟的舞台，讓這些生活中的嘗鮮與實驗，得以昇華為端得上枱面的「作品」。人們對自己的小孩總是比較嚴格，對自己做的菜，也不例外。

「知道自己想要的味道，就會想要達成那個樣子。」

recipe 01

麻辣宮保麵腸

3～4人份，所需時間：60分鐘

吳阿姨的家常食譜

宮保雞丁常常聽過，不過，宮保麵腸倒是比較少見。

這是吳阿姨在龍潭的客家市場學到的料理，靈感是來自市場賣麵腸婆婆的一句話：「宮保也可以用麵腸做喔！」吳阿姨研究之下發現，原來這是素食者來取代宮保雞丁的料理，而以注重細節著稱的吳阿姨當然不能馬虎，從剝麵腸到先油炸，處處留心。

這道料理無論是熱著吃或是放涼了當前菜或冷菜，都非常適合，這也是吳阿姨從市場習得的好味道。

材料

麵腸…5條
青蔥…2支
薑片…3片
蒜頭…3瓣
醬油…2大匙
八角…1粒
（或滷肉包1小包）
花椒粒…適量
宮保（辣椒乾）…適量
豆瓣醬…1小匙
糖…適量
蒜頭或蒜味花生…適量
（一般市售即可）

做法

1. 青蔥切段、薑切片、蒜頭3瓣拍碎切末。
2. 麵腸斜切3段後翻面，用手剝成片狀（厚度約2公分）。
3. 起油鍋，以高溫油炸麵腸至金黃色撈起備用。
4. 將處理好的麵腸倒入器皿中。鍋內僅留一小匙油，以小火煸炒花椒粒，香氣出來即起鍋。
5. 原鍋再加2匙油，小火拌炒宮保（辣椒乾），香氣出來即起鍋。

   辣椒乾不要炒到焦黑。
6. 原鍋加入2碗水、2大匙醬油、八角或滷肉包，煮滾後放入金黃麵腸。待麵腸吸乾滷汁後起鍋備用。
7. 炒鍋放油，爆炒蔥、薑、蒜，至香氣出來後先撥至鍋邊，再加少許油，炒香豆瓣醬後加一點糖。
8. 加入吸飽滷汁的金黃麵腸一起拌炒。最後撒上蒜味花生就完成了。

recipe 02

土豆炒臘肉

3～4人份，所需時間：60分鐘

吳阿姨的家常食譜

創意大師吳阿姨所發明的菜色。

這道菜的起因是吳阿姨的先生和兒子們都非常喜歡吃薯條，加上某次過年時，家中又有許多別人送的臘肉，於是她靈機一動，把馬鈴薯切成薯條狀和臘肉一起拌炒。

吸飽臘肉香氣的馬鈴薯條讓一家人驚艷不已，之後成為了過年期間的必備佳餚，甚至除了上桌配飯，還變成了家人喜愛的零嘴之一。

材料

馬鈴薯（土豆）…3個
臘肉…半條
洋蔥…1個
大辣椒…2根
蒜苗…1支
黑胡椒粉…適量
糖…適量

做法

1 馬鈴薯切成薯條般的條狀，泡水10分鐘。

2 臘肉水煮40分鐘去除鹹味，切成與馬鈴薯條寬度相同的片狀後，瀝乾水分備用。

3 洋蔥順紋切絲、蒜苗、大辣椒切斜段。

4 準備平底鍋放油，先將馬鈴薯薯條煎至微焦脆的金黃色，起鍋備用。

5 原鍋再加一點油後放入洋蔥絲，炒至微軟、呈半透明狀起鍋。

可在洋蔥起鍋前沿鍋邊熗2小匙紅酒，再加1小匙糖後迅速拌炒起鍋。這麼一來，更能感受到洋蔥的滋味。

6 鍋內放入蒜苗、辣椒、臘肉、糖和一點水，炒到香氣散出。

7 將炒好的薯條和洋蔥絲放回鍋中，加入黑胡椒粉，拌炒均勻後就完成了。

recipe 03

柿餅紅棗雞湯

柿餅紅棗雞湯是吳阿姨逛市場後繳出的成績單。

吳阿姨口中的柿子有「三態」，一是果實柿子，二是常當零嘴吃的Q軟柿餅，三就是客家人獨有、拿來煮湯的柿乾。

柿乾表面結了一層稱做「柿霜」的白粉，是清肺潤喉的珍貴中藥材，而柿餅紅棗雞湯的甜味也大多來自柿霜。

吳阿姨希望藉由這道料理，讓更多人認識客家人的智慧。

3～4人份，所需時間：80分鐘

材料

珍珠雞（或甕仔雞）……半隻
紅棗……10顆
香菇……8朵
柿乾……4、5片
枸杞……適量

做法

1 雞肉請肉攤剁塊、香菇以冷水泡軟。
2 將柿乾放入湯碗中，加水至蓋過柿乾後放入電鍋。外鍋加1杯水蒸軟。
3 燒開一鍋水，先汆燙雞肉塊。
4 在湯鍋中裝水後，加入蒸軟的柿乾、雞塊、香菇、紅棗。
5 大火煮滾後，改小火燉煮約30分。
6 熄火放入枸杞，燜6、7分鐘後再開火煮開一次就完成了。

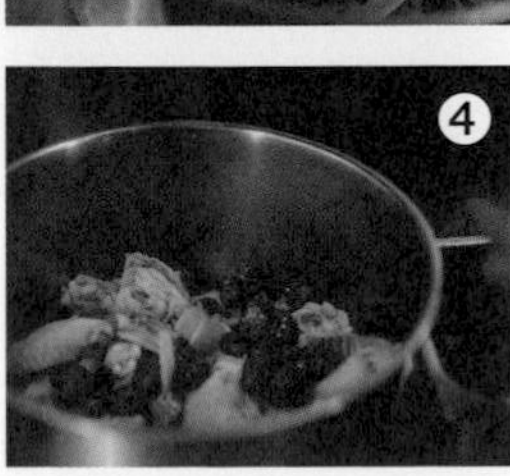

食憶的鑰匙，
提醒著大家回家吃飯吧！

雲遊四海、永遠優雅的

Jully姐

Jully姐，65歲。

菜系：眷村菜、台菜、異國風創意料理

食譜：蒼蠅頭
百菇飯
酸菜魚

從容優雅的自信，是Jully姐給人一貫的印象，好像沒有什麼事情可以難得倒她。人生的餘裕，就在聊起四處闖蕩的往事時，能淡然面對旁人的驚異。

1 帶社頭國小軟網隊前往日本參加球賽。

Jully 姐當過會計、領隊、還曾是高爾夫球場的顧問，一桌風格混搭的拿手菜，正來自於她豐富精彩的人生閱歷。

中醫院的千金小姐

Jully 姐出身紡織業興盛的彰化社頭，爸爸是中醫師，家境優渥。「家裡生意好，我媽每天在櫃檯坐鎮收錢，抽屜打開錢滿滿的。」爸媽忙到沒空理小孩，身為上有四個哥哥、兩個姐姐的老么，她被疼愛的方式是媽媽給錢出去玩，出門都坐三輪車。

對下廚的興趣或許是天生。爸媽工作忙，家裡有三位傭人負責打理家務、煮飯，Jully 姐小小年紀，就在一旁學做，小學時就已經會依樣畫葫蘆，「國小我就會包餃子、炸甜甜圈，還請鄰居朋友吃。」

愛玩的千金外表亮麗搶眼，高中時頭髮剪到耳垂，不忘帶著高跟鞋和洋裝偷跑去台中跳舞。大哥開紡織廠，Jully 姐負責會計管錢跑銀行，被銀行經理公公看上，推薦給自家兒子上門追求。「我先生是看中我這雙腿很漂亮啦！」

2
（右）帶團去沖繩時在船上的合照
（左）員林百果山獅子會的活動

婆婆是高雄客家人，受日本教育，樣樣全能，對媳婦很嚴格，講究廚房、洗手間的整潔，「還會用手指抹一下檢查」。婆婆常讀日本雜誌《主婦之友》，也要求媳婦樣樣都會。Jully姐回憶自己在懷孕時期，每一張照片中都在打毛衣，連孕婦裝都是親手做的。

雲遊各國　海派大方

夫家在員林開旅行社，Jully姐也因此展開五光十色的領隊生涯。年輕風華正盛，當了領隊照樣全身Blingbling，高跟鞋、露背裝、迷你裙是標準打扮。「帶團一走出機場，當地導遊問我，你們領隊哪一個，我說我就是，他們都大吃一驚。」

為了輪流照顧小孩，跟先生帶團時間得刻意錯開，先生帶歐洲團，Jully姐帶日本、韓國、東南亞團。「我們規模算中型，但業務量大，出手大方乾脆，對員工、導遊都很好。」帶團出國一落地，就先給導遊小費，「這樣導遊才會帶得有勁兒！」去泰國買了燕窩，回國後當下午茶煮給自家員工、同行業務吃，「到我公司來上班的人，不到一個月都胖了！」懂玩也愛吃，「從高雄買魚翅，一袋袋貨運到家，邀請朋友晚上來家裡唱卡拉ＯＫ、吃魚翅。」

先生做生意、打高爾夫球，擔心愛妻太無聊，便請來老師天天教打。早期打球的女性，多半是中年醫生太太，二十七歲的Jully姐是整個球場最年輕的一朵花。也沒想到，一開始只為了好玩，後來竟發展成專業。因到處打球，熟悉全台灣各處高爾夫球場，一九九五年結束旅行社事業搬到台北，便進入球場當業務經理。

二〇〇一年左右，經人介紹，去中國大陸擔任高爾夫球場經營顧問。「那時高爾夫球在當地剛起步，風氣不盛，會員證銷售不佳。我在那邊住了大約半年，當顧問也當教練，幫球場診斷營運問題，也透過教學，讓潛在客戶對高爾夫球產生興趣。」

營運上，高爾夫球場非常注重地理條件，在山上的球場一到下午就起霧，變得視線不良；又因為地形關係，球打出去卻撿不回來，也耗成本。

Jully姐的見多識廣不只這些，一度還在大陸湖南投資種植工業潤滑油原料「蓖麻」。「蓖麻油耐高溫、又不易在低溫中凝結，飛機引擎、機器馬達、滾輪輸送帶都用得上，是重要戰備物資。」不料，本來以為來自泰國的種子很好種，但湖南的氣候、土質都不適合，種出來的蓖麻含油率不高，變成空包彈，只能充當飼料或肥料。近年來，則是在社區大學擔任酵素老師。

信手捻來皆軼事，當聽者還沉浸於她的特殊經歷時，Jully 姐只是淺淺一笑，轉述兒子的話：「媽媽，三百六十五行，哪一行妳沒有做過？」

「做菜很快樂、很有成就感！」

在當領隊、做生意四處遊覽的日子裡，Jully 姐嚐遍異國料理，也用做菜安內攘外。有團員吃不慣當地食物，她就貼心下廚，幫大家一解思鄉情。

「之前帶印度團，大家每天吃咖哩都吃煩了，後來有天在喀什米爾船屋停留，趁大家出去玩，我買菜回來煮了一桌台灣味，讓團員解饞，大家都很開心。」

旅途也是她的料理養分，柬埔寨吃到「酸菜魚」，回來依樣學做；「胡椒蝦」亦取法南洋口味，用了四種不同的胡椒，還有肉桂等香料，發揮實驗精神試比例，對做菜的熱情超乎一般。

她最自豪的還是親手幫三個小孩帶便當。「我用日本的漂亮便當盒裝菜，他們的同學看到都很羨慕。」每天還會問小孩，早上想吃什麼？要喝咖啡、果汁還是牛奶？蛋要怎麼煮？簡直把小孩當五星級飯店客人伺候。

3 當領隊時與團員攝於日本東京迪士尼。

現在住在瑞典的女兒最懂母親，Line 傳來食憶訊息，「媽媽，遮跟妳尚合！」Jully 姐上網自己報名，端出蒼蠅頭、魯苦瓜來試菜。喜歡嘗試的她，抗拒一成不變，擔綱食憶主廚，會不斷研發新菜色，也幫素食客人研究素食料理，還曾經做出令人難忘的芋泥捲。

Jully 姐在食憶登場頻繁，當其他主廚臨時不克上陣時，Jully 姐也是最可靠的救兵之一。對從小就開始自己煮飯請客、到現在還時不時會多煮些料理分送親朋好友的 Jully 姐來說，煮飯從來不會是壓力，「因為有熱情，做菜就是件快樂的事。」

蒼蠅頭

3～4人份，所需時間：25分鐘

Jully 姐的家常食譜

蒼蠅頭是Jully姐來食憶試菜的第一道好料，也是她的拿手絕活。

青綠鮮豔的韭菜花一放進口中，口感清脆又多汁，若是問起Jully姐祕訣是什麼，她會優雅地對你說：「因為我有用心炒啊！」之前食憶去日本出任務，當地買不到韭菜花，Jully姐靈機一動，改以蒜苔取代，卻也炒出另一番好滋味。

對Jully姐來說，蒼蠅頭首重口感。記得最後再下韭菜花快速翻炒，就能做出Jully姐的家常味道。

材料

韮菜花…200克
絞肉…200克
豆干…100克
蒜頭…35克
（約3～4瓣）
溼黑豆鼓…1小匙
大辣椒…3支
蠔油…1又1/3大匙
醬油…少許
白胡椒粉…少許
鹽…適量

做法

1 韮菜花切約0.7公分、辣椒切約0.4公分。豆干切丁、蒜頭切末備用。

2 熱鍋放油，先將豆干丁炒透後盛起。

3 接著先放入絞肉炒香，再加蒜末、豆鼓一起炒。

4 待蒜末和豆鼓香氣出來後，加入炒好的豆干丁、蠔油、醬油和白胡椒粉。

5 最後加入切好的韮菜花與辣椒快速炒一下，試吃鹹淡後酌量加鹽就完成了。

recipe 02

百菇飯

Jully 姐的百菇飯料理起來相當費工，但她總是不疾不徐地說：「不會麻煩啊，這個很健康，很適合所有人吃，還可以增強免疫力唷！」

百菇飯裡面滿滿的各種菇類，除了鮮味外，還滿載注重健康的 Jully 姐所在意的「多醣體」；她還會不厭其煩的自炒洋蔥酥，每一個細節都不馬虎。而且只要把葷料抽換，吃素的人一樣可以吃得健康又美味。

如果家中剛好沒有豬肉，單用菇類做滋味也很豐富，而 Jully 姐的孩子最喜歡的吃法，就是在飯上加一點肉鬆配著吃。

5～6人份，所需時間：45分鐘

材料

〈主食材〉

乾香菇：15克
杏鮑菇：250克
白精靈：100克
舞菇：100克
紅蘿蔔：1/3條
五花肉：150克
紅蔥頭：70克
蝦米：30克
醬油：2大匙
鹽、糖：各1小匙
白胡椒粉：少許
米：3杯

〈裝飾〉

洋蔥酥：1/2顆份
香菜、黑芝麻：各少許

做法

1 將蝦米洗淨泡軟、乾香菇泡軟後把水分擠乾。

2 所有的菇類、紅蘿蔔切成小丁，五花肉切成細條狀、紅蔥頭切碎。裝飾用的香菜切段，將香菜梗與葉分開放。

3 先自製洋蔥酥（做法見TIPS）。

4 鍋內加入少許油，依序加入五花肉、紅蔥頭、蝦米、香菇，等散出香氣時再加入紅蘿蔔丁和其他菇類一起炒。炒到水分偏乾、香氣散出時，再加入醬油、鹽、糖、白胡椒粉。

在炒菇類時，可加入泡香菇的水增加香氣。

5 洗米。將米與2/3份量的**4**放入電鍋內鍋中，加3.5～4杯水一起煮。若為傳統電鍋，外鍋加1.2～1.5杯水。

6 飯蒸好取出，加上剩下的1/3配料、少許炸洋蔥剩下的蔥油和切碎的香菜梗拌勻。

7 裝碗後再撒上洋蔥酥、黑芝麻和香菜葉就完成了！

洋蔥酥的做法

把洋蔥切成細末後，放入冷油中開火，慢慢炸至洋蔥的香氣散出、呈現金黃色。取出洋蔥酥後把多餘的油用餐巾紙吸除。

recipe 03

酸菜魚

酸菜魚聽起來像是眷村料理，不過 Jully 姐的酸菜魚做法，是來自以前帶團去柬埔寨時吃到的東南亞料理，回台灣之後再憑著記憶琢磨出來的。

在自製酸菜的酸香中，還有薑、花椒和白胡椒粉的香料氣息，除了吸飽酸菜醬汁的魚片相當入味，鬆軟綿密又保留口感的芋頭也很受食客歡迎。

平時 Jully 姐做這道菜時，會直接買新鮮鱸魚片成魚片，不過片魚需要一定的刀工技巧，因此食譜中改以輪切魚塊取代，如果剛好有買到白肉魚片，也可以直接代替。

3～4人份，所需時間：35分鐘

材料

中型金目鱸魚…1條
（約600克上下）
酸菜…300克
芋頭…300克
嫩薑…6～7片
青蔥…3支
花椒…1/2小匙
水…適量
（可蓋過所有材料的程度）
白胡椒粉…少許
米酒…1～2大匙
鹽…少許

做法

1 將魚肉斜切成片狀。或請魚販將魚頭剖半，魚身輪切成塊。

2 酸菜切絲、芋頭切成厚度約1公分的一口大小、嫩薑切片、青蔥切段。

3 將魚塊或魚片洗淨擦乾後抹鹽（份量外），並裹上一層薄薄的太白粉（份量外）。

4 起一油鍋，油溫約160度時，放入芋頭。炸至表面金黃後取出，放入電鍋中蒸透（外鍋約1.5至2杯水）。

5 將魚塊放入油鍋中，微炸至表面呈現略為金黃的程度後撈起。

6 另起一鍋，加入少許油後，依序以大火爆香薑片、花椒粒、蔥段，香氣散出後加水。水滾後放入酸菜，煮約5分鐘讓酸菜香氣釋放。

7 放入炸魚片、米酒、白胡椒粉和一點鹽調味，最後放入芋頭片稍煮一下就完成了。

酸菜味道出來後可以先試一下鹹淡，需要的話再補加一點鹽或糖。

步驟**6**的水可用自製魚高湯取代。在炸魚片時一併炸魚頭和魚尾。將炸好的魚頭和魚尾撈出後加兩倍水，煮至湯汁呈乳白色後過濾掉魚刺即可。使用魚高湯，可以增添湯頭鮮度。

笑臉迎人的湘菜傳人

宗媽媽

宗媽媽，70歲。
菜系：湘菜、眷村菜
食譜：豆豉辣椒蒸魚
醋溜青椒
東安雞

個子嬌小、活力十足的宗媽媽就住在食憶附近，每次輪值主廚，就騎著腳踏車載運食材來，轉身換個廚房做菜，將承襲母親的湖南正宗湘菜分享給大家。

1 宗媽媽每年都會南下屏東，和朋友一起曬湖南香腸。

七十歲的宗媽媽在新竹的空軍眷村長大，父母都來自湖南。講到母親的拿手絕活，宗媽媽神采飛揚：「她最讓人懷念的就是『豆豉辣椒蒸魚』。做法、調味都很簡單，草魚洗乾淨，加上自製的豆豉辣椒、蔥薑蒜、灑上酒，放進電鍋跟飯一起蒸，馬上就好了。」

在辣椒香氣中長大

宗媽媽從小在母親身旁邊學邊幫忙，小時最常做的是家中常備品辣椒醬與蘿蔔乾。

「蘿蔔乾冬天一次就做二十斤，要幫忙切、再拆掉紗門拿來曬乾蘿蔔。」做辣椒醬、豆豉辣椒，則是切辣椒切到流眼淚，調味同樣簡單，加高粱酒、鹽、剁碎蒜頭攪拌，靜置三個月，辣椒的嗆味被馴化為令人食指大動的香氣，成了陪伴各式菜餚出場的重要配角，家裡隨時飄散辣椒香。

宗媽媽的母親在餐館工作，跟知名湘菜館「彭園」創辦人彭長貴是朋友，曾經一起共事。好客的媽媽經常為兒女的同學朋友下廚，不識字的她，把繁複流程全記在腦子裡，一次可以煮兩、三桌。「我們的朋友、親家都懷念以前她煮的菜，真的很辣，連湯都是辣的。她幾個女婿一開始很怕，但久了都超愛！」宗媽媽說。

從軍中聘僱職退休的宗媽媽有一對兒女，從事設計工作的兒子看到食憶的資訊，一心一念想來品嚐，卻久久等不到空位，「他想來吃，就鼓勵我來報名，大概是怕我退休在家無聊，又覺得這樣可以趁機來吃吧！」她笑說。

食物連結友情與人生

味道既是日常，也象徵節慶。每年農曆過年前，宗媽媽都要特別南下屏東，一邊訪友，順便利用南台灣的艷陽，製作湖南臘肉跟香腸，復刻母親的年味。「每次去屏東做香腸，一做就是五、六十斤，有一次回到台北計程車司機幫忙搬，直喊說『那麼重裡面是屍體嗎！』」

年年一起做食物，連結友情和人生，宗媽媽與友人還特別訂做蚊帳，保護在頂樓接受陽光洗禮的香腸。「在屏東的大太陽下只要曬三天到一週，就搞定了。唯一一次失了手，是我們在屏東醃好肉來不及曬，捂在塑膠袋裡開車回台北，結果一回家就發現有臭味，浪費了十多斤的肉，氣死了！」

湖南口味的香腸和臘肉，曬完還得掛在大汽油桶裡「煙燻」，才得以存放整年。「以前媽媽都要我帶一些穀殼回來，再用甘蔗皮、糖去燻，過程中需要不間斷地看顧大桶子裡的溫度、小心控火，可惜這個功夫我沒有學到，在都市裡燻，也不方便。」現在，煙燻步驟還是得花錢假手他人，缺了手工的完整性，讓宗媽媽覺得遺憾。

停不下來的手工魂，讓兒女多次鼓動她開餐廳。「我說『不行』，太累了，我不會上當的！」退休後的人生多采多姿，跟姐妹淘去世界各國旅行、看藝文表演、幫女兒帶孩子，不想被綁住。不過愛吃愛做的特質，注定讓她跟食憶結緣。

「剛開始來之前，緊張到睡不著覺，不知道份量要如何拿捏。」宗媽媽回憶第一次登場，廚具和流程都不適應、也不太會控制火侯，做一道糖醋排骨，就必須要抓緊時間油炸，「做完覺得好累！」不過，幾次下來漸漸熟能生巧，到現在已經游刃有餘。即便進入新環境，也一樣能下廚，與眾人分享手作料理的美好，如同宗媽媽記憶中的辣椒香氣，久久不散。

recipe 01

豆豉辣椒蒸魚

3～4人份，所需時間：30分鐘

宗媽媽的家常食譜

這是一道傳統的湖南菜，簡單又方便，也是宗媽媽小時候常吃的家常菜。

以前宗媽媽的母親會用草魚來烹調，因為草魚是當時比較平價的魚種，而其中最關鍵的就是挑選現殺的活魚，才會鮮甜好吃。

以前母親會親自殺魚，現在宗媽媽則是請攤販現殺。一尾草魚，魚頭拿來做剁椒魚頭，魚尾切條後再拿來炸，就能變化出好幾道不同的料理。

材料

草魚中段或白肉魚……1條
紅、綠辣椒……各3條
米酒……1大匙
青蔥……2支
薑……50克
豆豉……20克
鹽……1小匙
糖……1小匙

做法

1 魚洗淨，兩面抹薄薄的一層鹽（份量外）、1大匙米酒。

2 薑切絲、蔥切段、辣椒切圈。

3 起炒鍋，油熱後加入切好的辣椒、薑絲、蔥段與豆豉、鹽、糖稍微拌炒一下。

4 取出炒過的配料，鋪在魚上。

5 電鍋放一杯水蒸或隔水蒸，約20分鐘即可。

可以用筷子戳戳看，如果能穿透魚身就是熟了。

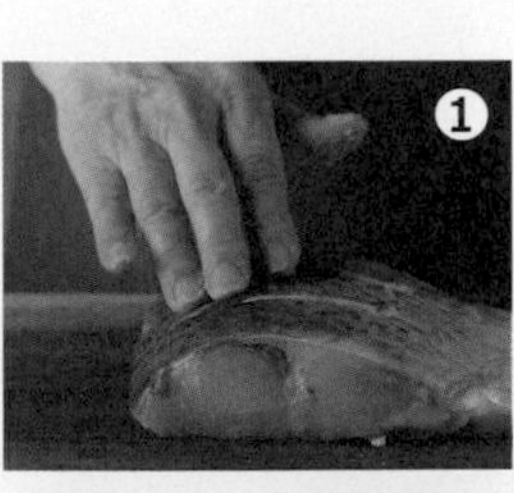

recipe 02

醋溜青椒

習自母親的菜色，在食憶下廚的過程中又得到了進化。

青椒是宗媽媽家中常見的蔬菜，但不少人害怕青椒的生味。

來到食憶後，宗媽媽學會透過事先煎烤去除椒味、留下更多養分和甜味，這個調整連家人都很喜歡，也讓許多原本不喜歡青椒的客人讚不絕口。

3～4人份，所需時間：40分鐘

材料

〈主食材〉

青椒…4個
紅椒…2個
蒜頭…適量

〈調味料〉

糖…1大匙
醋…1大匙
醬油…1大匙
鹽…適量

做法

1 青椒、紅椒洗淨後切成條狀。蒜頭切末。

2 將兩種椒類入鍋，先以乾鍋小火慢烤，待烤軟後將青椒的皮細心剝除。

3 鍋中下油，將蒜末爆香後加入青椒、紅椒及所有調味料，小火悶煮6分鐘就完成了。

note

「醋溜」是眷村常見的料理手法，舉凡醋溜土豆絲、醋溜高麗菜等，都能品嚐到酸中帶甜（或帶辣）的滋味和食材各自特有的口感。

recipe 03

東安雞

3～4人份，所需時間：40分鐘

宗媽媽的家常食譜

這是道經典的湖南菜，據說烹調手法起源於湖南省東安縣，原菜色用的是幼小的童子雞。儘管在台灣似乎不常見，不過只要是湖南人，一定知道這道料理。

「我媽媽用台灣產的土雞，肥肉多，煮到九分熟後剁開，小時候看媽媽剁好像很輕鬆，自己嘗試才發現，會剁到手痛！」宗媽媽現在改用新鮮雞肉剁好後再烹調，使用大量切成細絲的嫩薑和紅辣椒，加上醋與花椒爆炒，酸、辣、麻兼備。宗媽媽放薑不手軟，遠遠聞到大量薑絲的酸香，就能令人胃口大開。每到嫩薑產季，就是東安雞華麗登場的季節。

材料

半土雞雞腿：1隻
米醋：3大匙
米酒：1大匙
嫩薑：半斤
大辣椒：2條
鹽：1又1/2小匙
糖：1大匙
花椒：些許

做法

1 雞腿可請肉攤協助切塊，嫩薑、紅辣椒切細絲備用。

2 油鍋爆香花椒，香氣散出後將花椒粒取出。

3 放入雞腿塊，略炒變白後加上薑絲及紅辣椒絲。

4 以米酒熗鍋後，加入米醋、鹽和糖，蓋上鍋蓋，以小火悶煮20分鐘即可。

最黏母親的愛妻家
譚大哥

譚大哥，59歲。
菜系：廣東菜、江浙菜
食譜：清蒸牛肉
珍珠丸子

想念媽媽的時候，就下廚做菜，譚大哥一邊回味年少時在廚房與媽媽話家常的點滴，也暗渡對太太的疼愛。而食憶讓兩代人的情感得以慢火細燉，飄香不斷。

1 譚大哥與母親。這是兩人唯一的合照。

「別人問我要如何開始學做菜，我都說『先從逛菜市場開始吧！』」譚大哥身形高大，開口說話宏亮清晰、有條不紊。身為家中排行第五的么兒，從小就喜歡黏在外婆和媽媽身邊去逛菜市場。「不是因為有得吃，而是因為很好玩，可以認識各種食材。」龍口市場買日常、南門市場辦年貨，小跟屁蟲似乎因此種下日後愛做菜的遠因。

在廚房黏媽媽的么兒

年近六十歲的譚大哥，有著奇特人生歷練。國中畢業就去電子工廠當作業員，當身邊的兒時玩伴大都選擇不再升學，他卻執著於學歷，於是十八歲又進入高職夜校。白天去水電行上班，晚上去學校上課，每天傍晚半小時的空檔，成為他和母親單獨相處的珍貴時光。

「上課前，我會去廚房幫媽媽做菜、幫魚翻面或者洗菜備料，一邊跟她聊天，久而久之，就成為一種習慣了。」譚媽媽是廣東人，早年曾任幫傭與專職家庭廚師，因雇主是上海人，譚媽媽也學會許多江浙菜式，「對他們而言，家的味道就是我媽媽做的菜，即便她離職了，他們還是常常央求她回去做菜解饞。」譚大哥笑說。

2 鹿角蕨（右）與拖鞋蘭（左）。園藝也是譚大哥的興趣。

後來他因腳傷不便負重，於是回自家大哥開的印刷廠工作。民國七〇年代，台北市有「三大五小」印刷廠，譚家的印刷廠名列「五小」之一，業務繁忙。

「大哥要求我們什麼都要會，印務、各種雜務、隨時支援卡位，一點都不輕鬆。」那是數位化還未來臨前、印刷業仍以「力」為主的時代，而譚大哥算是最後一代的活字版排版人員。「手稿來了後，在上面標註，跟鑄字廠說明字體、排法，鑄字廠揀完一大包字送回來，然後隔行、退位、標題怎麼落，每本書都不一樣。」

身為全能印刷職人，一本書要看好幾遍，加上客戶有純文學、爾雅、遠流、遠景等大型出版社，讓譚大哥養成看書喜好，散文、詩、小說、科普等各類型的書都涉獵，也讓他遇到改變一生的人——作家柏楊。

從工人到文人

曾是政治犯的柏楊，投注十年心力於《柏楊版資治通鑑》譯寫工程，全集七十二巨冊，正好由譚家印刷廠承包印務。「因為負責印務，我精讀了整套書多遍，甚至對古文產生興趣，還買了《資治通鑑》原文來比對。」譚大哥回憶。「但我發現，有些地方似乎翻譯錯誤，就自己寫信跟柏楊說，他也吃一驚，想說一個印刷工怎麼會知道這些！就問我有沒有興趣當他的助理。」

當時仍未解嚴，替柏楊工作有潛在風險，雖然家人反對，但二十二歲的譚大哥毫不猶豫地答應了。七年時光，每天去宛如書庫的柏楊家上班，協助查資料、找文獻，不僅訓練出對文字的敏銳度，也從柏楊身上得到可貴的身教。

「柏楊對我影響最大的有兩方面，一是愛情觀，二是政治觀，影響思維模式，人生也就此轉了個彎。」擔任柏楊助理的經歷，讓譚大哥在報禁開放後，因緣際會進入剛成立的《首都早報》校對組工作。「報社裡除了我以外，都是大學畢業生，我是唯一沒有經過考試就進報社的人！」校對如同品管，要在各美編組之間轉來轉去看大樣，確認無誤、蓋章核可後才可以送印。

報社的歷練不僅讓他親歷解嚴初期社會的風起雲湧，也因此跟在美編組工作的太太結為連理，從柏楊身上學習的愛妻之道，終於有了實踐的機會。

母親的大菜與愛妻料理

結婚後，譚大哥多半從事自由接案，在家時間較多，家中主要就由他負責做菜。「我太太是安徽人，但從小吃江浙菜，剛好我媽愛吃、會做的菜，太太也喜歡。」不過身為廣東人的譚媽媽，嫌江浙菜太甜，會調整甜度，譚大哥形容是「介於江浙菜和廣東菜之間」。

回憶起母親的功夫菜，譚大哥露出無限崇拜神情。「她刀功了得，料理『九棍魚』，把魚皮、魚肉、魚骨頭都分開，魚肉剁好以蔥薑蒜調味，再塞回去成為一整條完整的魚，魚皮不能切破，真的神乎其技！」

譚媽媽拿手的菜色繁雜，兄弟姐妹五人各自習得一部份媽媽的好手藝。「我主要是學到了大菜，例如燻魚、蔥燒鯽魚、扣肉等。」廣東名菜「南乳芋香扣肉」，譚家人從小就吃，但兄姐們嫌費工，只有譚大哥習得。這道菜需用廣式豆腐乳料理，一做就要八小時不停歇，煮、泡、炸、蒸，讓食材與醬汁充份交融，甜鹹交雜的滋味，難以忘懷。十多年前，母親因病往生，譚大哥開始執筆紀錄與母親閒聊的往事，也在思念母親時下廚，回味媽媽的味道，卻發現自己仍留下遺憾。

「有一次太太突然想吃燻魚，我動手做，魚炸好了，得趁熱立馬下醬汁烹煮，卻怎樣都調不出記憶中的醬汁味道。母親不在了，我沒人可問，只能坐在地上哭，那是一個令人傷心的黑色下午。」

3 譚大哥與妻子合影。

幸好，生命中還有人承接沮喪的情緒。太太是他做菜的動力，也是譚大哥跟食憶結緣的推手。「她覺得我快退休了，人生不能沒有目標，應該要找事情做。」於是鼓勵譚大哥加入長輩主廚的行列。本來對做菜給別人吃沒什麼自信，跟太太說「別開玩笑了！」想了兩三天，覺得總是要試了才知道，便填了報名表，一腳踏入主廚行列，也開啟另一段獨特歷練。

「原先只是單純愛做菜，跟家人同事分享，但來到餐廳，人家付錢吃你做的菜，又是另外一回事了。在這裡做的菜，我在家裡都會練習很多次，也更有動力去改進、檢討。」

那麼，最佳推手的太太意下如何呢？譚大哥笑說：「她其實從來不說『好吃』或『不好吃』，都說『可以』或者『還可以』，但從她吃多還是吃少，就可以知道啦。」

譚大哥記得母親簡單卻深刻的廚房哲學——用最簡單的調味，做出食物原有的滋味。菜要好吃，魔鬼藏在細節裡，如同家庭關係。「能夠在食憶和許多人分享母親的味道，相信母親也會很高興。」

recipe 01

清蒸牛肉

5～6人份，所需時間：1天半

譚大哥的家常食譜

譚大哥的料理不是和媽媽學的，就是因為老婆愛吃而學做的。這道清蒸牛肉，就是為了老婆大人而開始鑽研。經過了一段時間的試驗，終於找到了烹煮牛肉最適當的方式。

面對料理，譚大哥始終秉持母親「不做過多調味」的教誨，這道清蒸牛肉儘管極其耗時，香料也不過用了一點花椒和八角而已。切牛肉也有學問，如何厚薄適中、咬起來有口感又軟嫩，也下了一番功夫。

這道得到老婆大人點頭的料理，除了滿滿的食材原味，更能感受到大哥對於妻子的愛。

材料

〈主食材〉

牛腱…6顆
青蔥…3支
老薑…半塊
鹽…適量
花椒…1小匙
八角…1顆
白芝麻油…少許

〈裝飾〉

香菜、嫩薑…各少許

牛腱購買時以小為主，俗稱香蕉腱或腱子心。腱子越大，烹煮的時間越久，而且牛腱裡沒有筋，橫切面沒有花紋，口感也偏柴。

做法

1 汆燙牛腱以去除血腥味與雜質，水滾後取出牛腱稍微洗淨。青蔥切段、老薑切片備用。裝飾用的香菜切末、嫩薑切絲。

2 將**1**與花椒、八角放入鍋中，倒入飲用水至水面剛好淹過牛腱的程度，開中火燒開後轉小火，慢燉2小時。**不可大火，會讓湯汁變濁。**

3 慢燉過程中，每半小時上下翻動牛腱，以便均勻受熱，直到牛腱用筷子可以輕易插入的程度。將牛腱撈出，放涼2小時。

4 取出牛腱後的湯汁即為牛肉高湯，將薑片等濾出後加鹽調味。

可依個人口味調整，湯汁的鹹淡要比平時略偏鹹一點。

5 每半小時將牛腱上下翻面以確保牛肉平均冷卻、收縮乾燥。冷卻後放入冰箱（不封膜），冷藏收縮24小時。每6～8小時上下翻面一次，直到牛腱變得又乾又硬。

6 食用前，將牛腱以與肉紋理垂直的方向片成約0.1公分厚度薄片，淋上調好的牛肉高湯，用蒸鍋蒸10分鐘。若用電鍋，外鍋加1/3杯水。

7 牛腱出鍋後，淋上白芝麻油，放上香菜和嫩薑絲。食用時，薑絲單獨沾牛肉高湯，鮮美可口，牛腱配香菜食用，香甜多汁。

冬天時沒有嫩薑，可用中薑切細絲後泡熱水，降低辣度。

recipe 02

珍珠丸子

譚大哥時常自謙，學到的料理還不及母親的十分之一；但只要一聽到他談起料理，就能感受到對母親滿滿的思念。

珍珠丸子是來自譚媽媽的食譜。一般珍珠丸子是用長糯米，譚大哥的家傳做法則是使用圓糯米，主要的差別在於圓糯較軟，容易吸付肉汁，長糯比較有Q彈口感。

食材與調味單純，一口咬下肉汁四溢的美味令人難忘。細心的譚大哥，也會要求自己讓每顆丸子盡量保持一樣大小，看丸子整齊地排排站，心情也跟著暢快起來。

30顆份，所需時間：2小時

材料

絞肉：1斤
圓糯米：半斤
香菇：6朵
蛋白：1顆
太白粉：1大匙
白胡椒：少許
鹽：1小匙
香油：少許

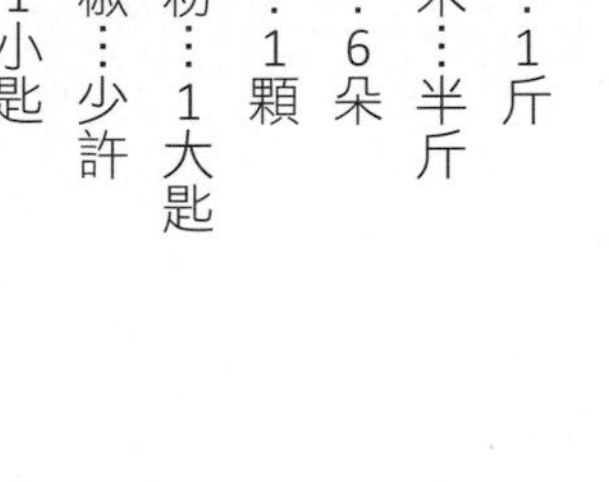

譚大哥依照母親食譜使用圓糯米。

做法

1 圓糯米洗淨、泡水4小時，香菇蒂頭朝下，用少量熱水泡開。

2 將泡好的香菇瀝乾，去蒂切成小丁。

3 絞肉放入盆中，依序放入香菇丁、太白粉、白胡椒、鹽、香油、蛋白，以及少許的香菇水。

絞肉混香菇汁不可放多，否則肉餡太濕，丸子會很難成形。

4 將**3**的食材攪拌均勻後，以同一方向持續攪拌約15分鐘至出筋。

5 泡過水的糯米瀝乾水分，放入盆中。

4 將肉餡捏成圓形，放入裝糯米的盆中，用糯米蓋住肉丸。以雙手托住丸子底部拿起，手指略張開施力，將糯米與肉餡貼合，直到丸子表面沾滿米粒。

4 將珍珠丸子排列於盤中。蒸鍋加水，水開後入鍋蒸20～30分，至米粒變成透明即可。若用電鍋，內鍋加一杯半的水。

珍珠丸子的大小約比50元硬幣大一點。

餐飲教育
傳承者

盧老師

盧老師，64歲。
菜系：眷村菜、台菜
　　　創意料理
食譜：冰梅咕咾肉
　　　干蔥彩椒豆豉雞
　　　花生滷豬腳

有話直說、犀利明快的盧老師，從小熱愛烹飪，曾開過日本料理、麵包店等等，並在開平餐飲學校、東南科技大學餐旅管理系擔任教職，是理論和實務兼備的餐飲教育專業者。傳承飲食文化、烹飪技藝，是她最在意的事情，也是她高度肯定「食憶」的核心價值。

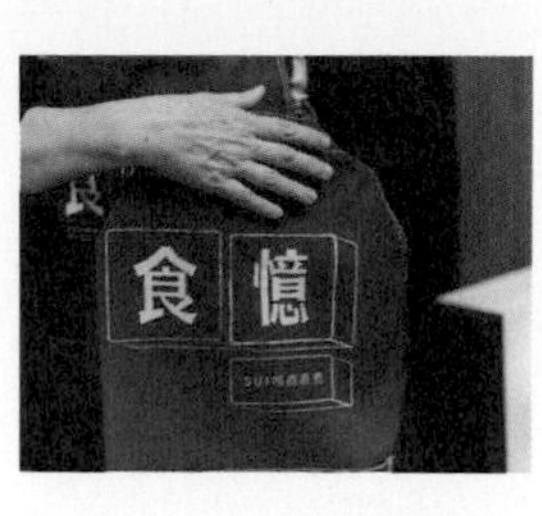

1 對盧老師來說，食憶除了是舞台，更有料理傳承的意義。

有話直說、犀利明快的盧老師，是理論和實務兼備的餐飲教育專業者，也是食憶的長輩主廚中，擁有最扎實專業背景的一位。傳承飲食文化、烹飪技藝，是她最在意的事情，也是她高度肯定「食憶」的核心價值。

注定要吃這行飯

從小在台北成長，逢年過節南下回斗六外婆家，途中吃台中「太陽堂」鳳梨酥，就是盧家小孩念茲在茲的高潮。「那時我們為了吃鳳梨酥，都刻意搭比較慢的山線火車回程，在火車停靠月台的有限時間內，在窗邊叫喚小販過來。」盧老師回憶。

愛吃，就想自己做。「當時年紀小，也不知道去哪裡找到原料，把鳳梨買回來捶打成果泥，放糖熬煮鳳梨醬，還央求爸媽買『阿羅利奶油』給我。」父母當時的月薪只有兩千元，一罐阿羅利奶油就要價四十五元，所費不貲。年幼的盧老師把麵粉、奶油、糖、蛋拌成麵糊後包著鳳梨醬，做成鳳梨餅的模樣，因為沒有烤箱，只能放進電鍋炕，還要用重物壓住電鍋，避免蒸乾就跳起來。「妹妹們到現在都還會回憶那個陽春的鳳梨糕『好好吃』，但是我都忘記了！」

上了國中，有家政課，由生物老師兼任家政老師，總算可以利用家事教室裡的白鐵號烤箱過過烘焙癮，回家還跟舅舅吵著要買一個烤箱，「舅舅只大我十一歲，就像大哥哥，他本來叫我去跟媽媽要，結果他大學畢業後去左營當兵，領到的第一個月薪水，就買了一台白鐵號烤箱給我。當時他薪水才六百五十元，烤箱就要三百五十元！」

這個烤箱，盧老師從還是國中生的年紀開始使用，用了近三十年，一直到開了麵包店才汰換。

考大學時，愛烹飪的她毫不猶豫地把家政系列為第一志願。雖然父親反對，認為家政系畢業只能當主婦，但後來的境遇證明，主婦的專業技藝也能展開精彩職場歷程。

餐飲業與教職間折返跑

民國六十八年，盧老師剛從文化大學家政系畢業，就迫不及待要進入職場見識一番。第一個工作是替廠商研發台灣第一本微波爐菜單，以因應當時剛剛要引進的微波爐市場。沒過多久後，又接到母校邀約，回去當「海青班」

助教，主要帶領烹飪班。後來同為食憶主廚的玲姐，就是盧老師在家政系的學妹和同事。

「海青班開啟了請大飯店師傅來大學授課的風氣，助理要擔任大師助手、還要備料，所以八大菜系的烹飪要領，我都是在海青班時掌握的。」

當助教不久後，盧老師覺得在學校「太無聊」，便離職開餐廳。曾經白天經營日本料理、下午還要去各大百貨公司的烹飪教室教課，也曾經開過忙碌的便當店，從採購、煮飯、配菜都要做。有了現場工作的經驗，盧老師轉往開平餐飲學校任教。然而當了一陣子老師，卻無法忘懷開店的成就感，於是再度撤退，在從小長大的師大路附近開了麵包店，一圓烘焙夢。

做麵包，要埋頭站著工作十幾個小時，辛勞非一般人能想像。這時，總算過足烘焙癮的盧老師終於下定決心投入教職，一做就是二十多年，教學生涯從國中、高中教到大學，最後在東南科技大學餐旅管理系主任的任內退休。

盧老師回憶，「大學時代我就常糾正同組的同學，那時就很有當老師的架子！」她坦誠自己對學生很兇，「我上課的時候，沒有一個人敢打瞌睡。現在跟學生聚會，學生也都記得當時我的嚴格！」

從食憶反思餐飲教育和傳承

退下教職的盧老師，仍不改愛嘗試的本性，還因應時代潮流，陸續開了網路店鋪，賣義大利冰淇淋 Gelato，以及真空包裝滷味。「就連鴨翅的毛，我也堅持一定要拔到一乾二淨，從採購、收訂單、滷東西、包裝加上送貨，全都自己來。」

親力親為的堅持與高度自我要求，讓在媒體工作的家政系大學同學留下深刻印象，暗中推薦盧老師到食憶。沒想到第一次來看場地，就跟多年未見的學妹玲姐巧遇相認。

有家政系的紮實訓練、實務經驗與教職歷練，讓盧老師擅長各類菜系，拿手料理從台菜、廣東菜、北京料理都有。例如招牌菜「冰梅咕咾肉」，便是用紫蘇梅醬、火龍果和炸里肌搭配熬煮，取代糖醋肉常用的番茄醬。而作為餐飲教育專業者，如何看待「食憶」？盧老師說：「這裡主打長輩的家傳菜，為銀髮族想到一個飲食傳承平台，真的很棒、我很佩服！」高中職餐飲科為了招生，刻意以炫技吸引學生，卻往往忽略真正的烹飪基本功，無法傳承固有飲食技藝基礎，導致經典菜色沒有被發揚光大，面臨傳承斷層危機。

此外，她也擔憂，新世代餐飲業的問題是速食化，過度重視擺盤和裝潢，卻只提供做法簡單的料理，漸漸地，年輕世代就越來越不懂得吃的真締；而利潤取向的餐飲業，也可能讓逐漸凋零的老師傅手藝無人聞問。「曾有個學生的爸爸是廣東師傅，家裡開廣東餐廳，但生意每況愈下，最近我趁著餐廳收起來之前去吃了一次，覺得這才是中國菜的精髓，很可惜餐廳要收了。」

盧老師語重心長地說：「現在懂得吃道地口味的年輕人太少了。」期待食憶未來成為烹飪教室，或者發展成更多元的飲食文化交流平台，讓各路家傳菜，繼續在不同世代的餐桌上飄香。

冰梅咕咾肉

3～4人份，所需時間：25分鐘

盧老師的家常食譜

「其實這道菜是跟學生學來的，改良傳統咕咾肉的做法，變成適合銀髮族的飲食習慣。」

冰梅咕咾肉的原型是傳統廣東菜咕咾肉，盧老師的學生在開餐廳時，認為這道口味偏重的菜色，應該可以有更清爽的呈現方式。在諮詢老師意見後開始嘗試以水果入菜，再加上紫蘇梅，盧老師現在仍清楚記得，第一次嚐到時驚艷的感覺。

師生兩人一同討論改進後推出的成品，大家反應都很好。這道料理，可說是盧老師無私又開放的教育思維下，所產出的創意結晶。

材料

〈主食材〉

少筋梅花肉…120克
蛋黃…半顆
白火龍果肉…40克
葡萄柚果肉…40克
香吉士果肉…40克
玉米粉…30克
金桔汁…3顆

〈醃料〉

鹽…1/8小匙
白胡椒粉…1/4小匙
米酒…1/4小匙
醬油…1/2小匙

〈調味料〉

水…40克
冰糖…30克
紫蘇梅果露…20克

做法

1 將梅花肉切成薄片，加入蛋黃和〈**醃料**〉抓捏拌勻後，一片片取出，沾上薄薄一層玉米粉。

2 所有果肉切成5元硬幣大小的塊狀。

3 先炸肉片。將油倒入鍋中，加熱至約140度時放入肉片，炸至金黃色撈出。

4 油鍋再次加熱，將肉片全部倒入，回鍋炸至淡褐色時撈出瀝油。

5 另起一鍋，將〈**調味料**〉倒入鍋中煮開。

6 放入炸好的肉片與果肉塊拌勻，熄火後淋上金桔汁就完成了。

tips

沒有紫蘇梅果露也可用紫蘇梅或話梅果肉，加糖或麥芽糖替代。

recipe 02

干蔥彩椒豆豉雞

盧老師覺得中菜常見的豆豉雞口味過重又單一，因此開始試驗更多豆豉雞的可能。

在嘗試加入了多種不同蔬菜後，她發現最適合的就是彩色甜椒，不僅成品顏色漂亮、營養價值高，又可以綜合豆豉的鹹味，吃起來更沒負擔。

在煮飯給長輩吃時，這道改良後的菜色，可以降低肉的比例、巧妙增加蔬菜份量，是道適合全家人的料理。

3～4人份，所需時間：35分鐘

材料

〈**主食材**〉
仿土雞腿塊⋯1隻
紅蔥頭⋯80公克（約6～7瓣）
青、紅、黃椒⋯各半個
豆豉⋯30公克
蒜頭（約4瓣）⋯30公克
玉米粉⋯1/4杯
米酒⋯1小匙

〈**醃料**〉
米酒⋯⋯1/2小匙
醬油⋯⋯1小匙

〈**調味料**〉
蠔油、糖⋯各1小匙
白胡椒粉⋯1/8小匙
香油⋯1/2小匙
雞高湯⋯1大匙

做法

1 彩椒去頭去籽後洗淨切塊，紅蔥頭去皮去頭尾、切圓片，豆豉略剁半，蒜頭切末。〈**調味料**〉先調好。
2 將切塊的雞腿加入〈**醃料**〉，醃10分鐘後，沾上一層薄薄的玉米粉。
3 起一炸鍋。油溫達180度時放入雞肉，炸至金黃色撈起。再放入彩椒過油、紅蔥片炸香。
4 另起一鍋。加少許油後，先將蒜末和豆豉爆香，加入炸好的雞肉、紅蔥片與〈**調味料**〉，以中火煮至湯汁收乾。
5 放入彩椒拌勻，並倒入加熱過的砂鍋內，最後淋上1小匙米酒增香。

recipe 03

花生滷豬腳

3～4人份，所需時間：1.5～2小時

這是道非常傳統的台菜，盧老師家中每逢年節，總會來盤花生滷豬腳添添喜氣。花生和豬腳都是很耐煮的食材，若燉煮時間夠長，花生還會吸收豬腳的膠質，讓花生吃起來更Q軟有口感，而豬腳則會吸附花生香氣，使整體更加入味。兩種食材可謂相輔相成，缺一不可。

盧老師說：「以前做這道菜特別麻煩，總要隨時顧著火候，深怕一不注意，就讓兩者的化學效益給破壞了。而現在有了快煮鍋，完全解決這個問題，造福了很多職業婦女呢！」甚至熱心地想要介紹她愛用的快煮鍋給大家，還開玩笑地說：「我可沒有收代言費唷！」

材料

〈主食材〉

豬前腳⋯1隻
帶膜生花生仁⋯半斤
青蔥⋯2支
生薑⋯5片
紅辣椒⋯1支
醬油3種⋯共3/4杯
蠔油⋯1/4杯
紹興酒⋯1/3杯
冰糖⋯3大匙
水⋯2杯

〈香料〉

花椒⋯1小匙
八角⋯2顆
月桂葉⋯3片
草菓⋯1顆（拍開）
桂皮⋯1小段

做法

1 將豬腳去毛刮淨，剁成約4公分塊狀，生花生仁洗淨備用。

2 青蔥切段、生薑切片。

3 熱鍋後放油，爆香蔥段、薑片和辣椒，接著加入豬腳，以中火炒至表皮有些焦熟。

4 倒入醬油、蠔油，繼續拌炒至豬腳著上醬油色，再沿著鍋邊熗入紹興酒。

5 將冰糖、水、花生仁和所有香料倒入鍋中，以小火煮開後熄火。

6 將所有食材一起倒入電鍋內鍋，在外鍋加3杯水燉煮。

7 電鍋跳起後，燜5～10分取出，食用時可添加香菜（份量外）裝飾增香。

tips

使用不同的醬油，是因為醬油味道各有不同，能堆疊出更好的風味層次。

一桌家常，滿室溫馨。

活力四射的食憶「公關長」

玲姐

玲姐，63歲。

菜系：台菜、快速料理

食譜：健康小丸子

白菜滷

麻油枸杞蝦

玲姐從家政系畢業後，先赴美取得餐旅管理碩士學位，回國擔任服飾行銷主管。退休之後當志工、來食憶當主廚，生活一樣多采多姿。身為有兩個孩子的職業婦女，「簡單、快速」是她的做菜原則，回家半小時後開飯，冰箱有什麼就做什麼！也研發出如健康小丸子等一物多用的方便料理。

1 畢業後留在家政系擔任「海青班」助教。

一踏進食憶大門，號稱「公關長」的玲姐，就忙著關心中午外帶外送便當流程，也不忘在訪談前再三確認大綱、主軸。語速飛快、表達清晰，舉手投足活力四射，展現多年職場經驗累積的明快作風。

家政系養成全能主婦

出身嘉義市的玲姐是家中老大，下面有兩個弟弟。小時候爸媽都忙著做生意，媽媽做菜時，玲姐要一同幫忙洗米備料，對廚房事務熟能生巧，慢慢也學會了自己煮飯炒菜。

後來，玲姐考上了文化大學家政系，開啟全能主婦學習之旅，食衣住行育樂都要沾上邊。她解釋：「『家政』的英文『Home Economics』，其實是家庭經濟，包山包海。」因此，從烹飪、烘焙，到裁縫、素描、園藝，甚至家庭婚姻倫理學、兒童老人心理學，都是家政系學習內容，「有的沒的我們都會！」

在還未有專業證照制度的年代，家政系學生畢業後多半當老師，玲姐也不例外，直接留在家政系當「海青班」助教。海青班是當時政府提供海外青年

2 在美國的留學時光。

僑生學習技藝的管道，學生多半來自東南亞，以馬來西亞為大宗，也有汶萊、韓國等國，堪稱小聯合國。

「當年的老師都是頂尖飯店的大廚，不一定是台灣人，脾氣也不好，助教要協調老師、幫忙備料。同學之間常有語言不通的問題，也要處理。」海青班教授各種菜系，同學背景又五花八門，四年助教經歷，讓玲姐練就烹飪技術與溝通能力。「現在回想，那些所學對於人生的建立很重要。」她說。

從雙碩士學霸到職場之路

玲姐跟毒物學者先生是青梅竹馬，從小一起長大，幾乎認識了一輩子。婚後沒多久，先生負笈美國，但女兒未滿一歲，不便帶出國，所以夫妻倆先分隔兩地，玲姐一邊唸家政研究所、一邊帶小孩，嘉義、台北兩邊跑，「那時候跟先生講越洋電話都會哭，習慣旁邊有人，少了另一半總會不習慣。」

唸完研究所後，玲姐才帶著孩子去美國團圓。在先生鼓勵下，好學的她又申請紐約大學餐旅管理碩士班，順利完成第二個碩士學位後，便在顧問公司實習。

夫妻倆在美國待了五年、一家三口也擴增為一家四口。學成回台灣後，玲姐在家帶孩子半年，因閒不下來的個性及一展長才的渴望，又讓她蠢蠢欲動，開始物色職場機會。本來想投身當時新興的觀光飯店業工作，但考量工時長、週末要排班，不能陪小孩，以家庭為重的玲姐於是另尋就業管道。

「我翻報紙看到婦嬰品牌『奇哥』要徵人做教育推廣，就覺得這工作超適合我的！」當時人稱「陶媽」的奇哥總經理，想開辦「育嬰教室」，免費提供新手媽媽各種資訊和知識。「他們覺得我當過助教很適合，推廣、上課對我來說都不是問題。」玲姐說。

她負責從零規劃「奇哥育嬰教室」，在各通路門市推廣。「這在一九九〇年代初期是很前瞻的，很多人以為我們在做托育，其實是教大家養育孩子的新知與觀念。」

早期的行銷只能靠報章雜誌和電視廣播，玲姐不僅要企劃課程內容、還要跟媒體雜誌合作，宣傳育嬰教室。「那時候社會風氣正在轉型階段，討論『生男好還是生女好』的講座，往往大爆滿！」

因為奇哥，玲姐轉入行銷和企業管理專業，在各部門歷練，成為董事長「陶爸」的特別助理、擔任公司發言人，對內對外八面玲瓏。在奇哥工作將近二十年，退休後的她，因緣際會進入南部知名品牌「褲子大王」工作，管理服飾店、也幫老闆開拓新業務。

閒不下來的退休人生

雖然從所學到家務，烹飪是家常便飯，但是玲姐從未想過當主廚，「那工作負荷太大，我只是想當老師，教人家做菜。」不過，前年正式退休後，女兒擔心她閒得發慌，便推介來食憶試菜。

家政系的學習經驗正好派上用場，玲姐從團膳供應的原則去規劃份量，也發揮科學管理精神，每次當主廚都會用 excel 表，記錄當天的人數、菜色和營養成分，再進行經驗對照，歸納出最適當的流程。

「不過，我是所有主廚裡最懶的，常常被唸說怎麼沒有新菜單！」她笑著說。因為過去職業婦女的角色和個性使然，玲姐做菜充滿效率，多半走快速美味路線，不過也需要因應餐廳環境而有所調整。「在家煮的口味比較淡，但在外面就不能太淡，這也是主要的難題，要同中求異、異中求同，因為口味其實很主觀。」

3 擔任台北花博的導覽志工。

學習力超強的玲姐，在加入食憶團隊後，也重新整合自己。

「我的個性急，但是急不一定就好，慢也不一定是壞。因為以前在公司習慣對外發言，現在一不小心就講太多話，在這邊很多人會提醒我『把嘴巴閉起來，趕快做事啦！』我也會虛心受教。畢竟我們是一個團隊，要呈現整體的優點，不要一直出頭當主角。」

改不掉的，大概是「做什麼事都非常認真努力」的性格。因為對花藝、藝術和美學都有興趣，玲姐曾擔任台北花博會導覽大使，最近還跑去松山文創園區當志工。近期的新興趣則是研究香料、中藥材，買了一堆相關的書回來研讀，或許之後可以運用在新菜色開發，另外還想學會「如何把食物拍得更上相」。

對玲姐而言，世界很大，永遠充滿探索的可能，而她，似乎還沒找到停下來的理由。

recipe 01

健康小丸子

3～4人份，所需時間：45分鐘

玲姐的家常食譜

幾乎每個台灣媽媽都有屬於自己的「獨門肉丸」，而玲姐的健康小丸子，則出自對家人深深的愛。

玲姐的兒子女兒小時候非常挑食，於是玲姐把從母親那邊學來的肉丸做了點改變：將絞肉的份量減少，把小孩不愛吃的紅蘿蔔、蔥等蔬菜都切碎後加入絞肉中，並將丸子縮小，讓孩子覺得丸子小小的很可愛，吃起來又可口，不知不覺就把原本都不吃的蔬菜全吃進肚中。玲姐每次講到小丸子，總會驕傲地說：「現在孩子們已經長大，還常常說媽媽做的小丸子最好吃！」

材料

〈主食材〉

豬絞肉…300克
青蔥…4支
洋蔥…1顆
中型紅蘿蔔…1條
青花菜…1朵
雞蛋…1個
薑…1小匙
（嫩薑、老薑均可）

〈調味料〉（絞肉使用）

鹽、糖、醬油、米酒
白胡椒粉、太白粉
…各少許

做法

1 將半顆洋蔥、半條紅蘿蔔盡量切碎，青蔥切蔥花、薑切末。

2 將1的材料和蛋加入絞肉中。留一點蔥花最後裝飾用。

3 在2中加入所有調味料，以同方向攪拌出筋，放入冷藏備用。

將絞肉放進冰箱冷藏除了保鮮，可以在擠小丸子時比較容易定形。

4 將另外半顆洋蔥縱切片、半條紅蘿蔔切片。青花菜分成小朵，用滾水燙熟備用。

5 鍋內加入水和少許醬油（份量外），中火煮至快滾時，取出冰箱中的絞肉，用虎口擠出小丸子，陸續下鍋。

6 水滾後轉小火。待小丸子浮起，加入洋蔥片和紅蘿蔔片燙熟。

7 將小丸子盛盤。以洋蔥片鋪底，青花菜、紅蘿蔔片當裝飾，撒上蔥花即可上桌。

「一物多用」的小丸子

小丸子可煮可蒸，保存方便，適合帶便當、可以煮湯，多出來的還可以拿來包水餃，這是玲姐在忙碌的職場生活中發想而出的多變料理。

白菜滷

3～4人份，所需時間：45分鐘

玲姐的家常食譜

嘉義長大、台北生活的玲姐所做出的白菜滷，是南北合璧的獨門料理。用扁魚提味是來自南部的家鄉味，上面滿滿的現炸蛋酥則是宜蘭的做法。宜蘭人將白菜滷稱為「西滷肉」，並不是裡面真的有肉，而是蛋酥泡在湯汁中的口感和肉類似，鮮美可口。

玲姐的蛋酥沒有全泡進湯汁裡，而是留了一半，撒在白菜滷的表面。「有些人喜歡酥脆的、有些人喜歡吸滿湯汁的，這樣大家就可以吃到兩種口感，而且擺盤上看起來金黃金黃的，也比較漂亮啊！」傳統加入新潮，這就是玲姐的魔力。至於扁魚，則是南部白菜滷必放的材料。只要細心炸過後，就會散出獨一無二的香氣。

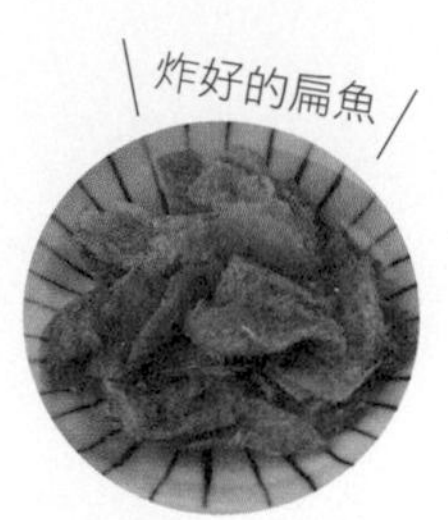
炸好的扁魚

材料

〈主食材〉

大白菜…450克

（小顆的白菜約一顆）

青蔥…2支

大蒜…2瓣

蛋…1個

扁魚…1片

乾香菇…1朵

胡蘿蔔…3片

米酒…少許

〈調味料〉

醬油…少許

鹽…少許

糖…少許

白胡椒粉…少許

做法

1 乾香菇泡軟。扁魚剪成小丁，以少許米酒浸泡。

2 大白菜切段，紅蘿蔔、香菇切片、青蔥1支切段、1支切蔥花，蒜頭切片。

3 先做蛋酥。在鍋中倒入1杯油，加熱至160度，慢慢從漏勺上方倒入打勻的蛋液，炸成金黃色時撈起。

4 炸完蛋酥的油稍涼後，保留部分在鍋中，在鍋中加入蔥段、蒜片爆香。熄火後放入扁魚片，利用餘溫炸至金黃。

5 重新開中火，加入紅蘿蔔片、香菇片炒香，最後加入大白菜片拌炒。

6 煮滾後再加入一半份量的蛋酥，轉小火悶煮約20分，煮至大白菜軟爛後，依序加入〈調味料〉。

7 盛盤後撒上剩餘蛋酥和蔥花。

recipe 03

麻油枸杞蝦

這道尋常的台灣料理，也常出現在玲姐家的冬日餐桌上。除了有肥美的白蝦當主角，薑也非常搶戲，玲姐說：「內行的就是會把薑都吃掉！」而在食材之外，重頭戲就是放入的酒了。玲姐的祕方，除了米酒和花雕酒，會再加入一點點高粱酒，她每次都說：「不用擔心啦！我們都煮開了，只剩酒的香氣，所以不用怕酒駕唷！」而且一定要按照米酒、花雕、高粱酒的順序加入，才會有濃烈又不嗆鼻的酒香。

一道蝦料理，也可以看出玲姐熱心的個性，就像她做的菜一樣，嚐起來濃濃烈烈，又充滿溫暖。

3～4人份，所需時間：45分鐘

材料

白蝦…300公克
枸杞…1小匙
老薑…12片
麻油…2大匙
醬油…2大匙
魚露…2/3大匙
糖…少許
米酒…3小匙
花雕酒…2小匙
高粱酒…1小匙

做法

1 將蝦剪去長鬚。從蝦殼第二節的縫隙處，用牙籤或其他尖銳物品剔除腸泥後瀝乾，加入少許米酒，放冰箱中備用。

2 枸杞加入少許米酒浸泡、老薑切片。

3 起油鍋，以小火乾煸薑片，接著加入麻油，繼續以小火煸至香氣散出。

4 加入白蝦，以大火炒至快熟時，迅速加入醬油、魚露、糖和泡酒的枸杞，翻炒至蝦子變色略縮小，完全熟透。

5 從鍋邊加入米酒、花雕酒、高粱酒熗鍋，煮滾讓酒精揮發後，略翻炒起鍋盛盤。

從深夜食堂走出的林大哥

林大哥，60歲。
菜系：台菜、異國風創意料理
食譜：化骨秋刀魚
咖啡排骨
豬肚四神湯

溫潤而餘韻深厚。林大哥的料理一如其人，不論是來自傳統的台菜，或是反覆實驗追求而得的理想味道，總是散發出同樣的魅力。

1 大學時的林大哥，攝於台北植物園。

日劇《深夜食堂》風靡多時，人們疲憊緊繃的神情，隨著食物熱氣湧上而漸漸舒展。外冷內熱的一人主廚兼老闆，在溫暖擁擠的小吧台邊悉心照料每個來客，不加評論，只是傾聽。這種平淡卻深刻的情感交流，觸動了林大哥。

創意就從模仿開始

說話慢條斯理的林大哥，退休前當了三十年國中工藝老師，教導學生動手做事，是他的專長。「我們常鼓勵小孩從小要有創意，不過『無中生有』是很難的，都要從模仿開始，做菜也是一樣。」

教師生活單純穩定，上下班時間規律，林大哥自然負擔起準備家中三餐的責任，以往採取有效率的煮法，替全家人準備便當，退休之後有了更多餘裕，可以在廚房花更多時間嘗試。「也沒什麼拿手菜，就是邊做邊學啦，大部分都是模仿來的！」他謙虛地說。

「我的老師都是網路資訊、YouTube，再自己調整口味。逛菜市場也可以發現一些驚喜，有時候繞一大圈也不一定會買東西，但樂趣很多，因為沒有時間壓力，可以慢慢看，跟菜攤和買菜的人交流，或者偷聽別人對話，都可以學到祕訣。」招牌菜「化骨秋刀魚」就是這樣來的。市場裡偶遇的歐巴桑，詳細教導步驟，事後又自行以網路搜尋，用日式「佃煮」方式，做出濃郁醇厚的醬汁，食憶眾人一不小心就因此配了好幾碗飯。

身為工藝老師，縫紉、烹飪、金工、陶藝都需要涉獵，在廚房的林大哥，也習慣一手張羅包辦所有事情。「做菜其實跟很多事情有相近之處，在廚房也要先瞭解各種器具的用途，才能達成預期的效果。」

二〇一九年七月，太太在網路上看到食憶訊息，鼓勵一直想發揮做菜長才的林大哥報名。跟深夜食堂老闆一樣外冷內熱的他，一開始還在猶疑，表面不動聲色，但內心已起波瀾，「馬上就開始動腦想要做什麼菜！」

不需專業證照就能實踐的夢想

謹慎踏實的林大哥，若排到輪值主廚，下午兩點就會到場準備。「大概兩到三天前就要開始前置作業，構思流程、採買、訂購食材，這也是因為我容易緊張啦！」例如若要做招牌菜「豬肚四神湯」，會先跟熟識的肉販預訂豬

2
（右）慢速壘球是林大哥的興趣之一
（左）與朋友露營時也身兼大廚

肚，回家清潔處理、切好，冷凍，以便從容上陣。

在食憶詢問度很高的「咖啡排骨」則是林大哥在南洋餐廳吃到，驚為天人。「後來為了這道菜，跟家人又去了那間餐廳好多次，回來找食譜嘗試再現。」在家試驗各種醃料的比例、為了炸肋排，犧牲了不少油，但他樂此不疲。實驗多次，提煉出獨門祕訣，利用比例得宜的三合一咖啡搭配黑咖啡粉，才設計出這道菜甜苦兼備的前味與後味。

食憶滿足了經營隨性小店的夢想，原本的猶疑，也在踏出嘗試的第一步後蕩然無存，從此可以放手大膽嘗試。身為食憶少數的男性，他除了謙虛還是謙虛，「這邊的夥伴都很慷慨分享，行政主廚對於素人的態度也非常開放，不會給予太多限制。」也讓他體會到做出撫慰人心的食物，不一定要專業證照才能達成。「外面餐廳味道比較固定，或者說比較『匠氣』，有一套固定SOP在做菜，這邊可以容許不斷推陳出新，更重要的是可以跟客人互動、分享做菜的想法。」

問他如何能把食憶精神表達得如此完整，「這是職業病啦！也可能是長期當老師生活單純，到了新環境，感受比其他人更深刻。我都跟朋友說，來食憶不要期待太高，這邊的特色就是有彈性、可以變花樣！」

3 與來食憶用餐的朋友合影。

手作為親情提味

退休六年，打慢速壘球、打太極拳、愛好露營，還當球類裁判，所接觸的都是各行各業的人，跳脫過往侷限在學校的生活圈，展現了融入新環境的能力。「其他想做的事情太多，不可能把自己綁在一間店，一週當一次主廚，就能滿足了。退休之後可以這樣發揮，真的很好！」

從剛來的興奮和緊張，到現在氣定神閒，有遇過最難忘的客人嗎？「當時行政主廚只跟我說，有一個人自己單獨來吃飯，我當下也不以為意，繼續做菜。結果中間去外場跟客人互動時，才發現那個人怎麼看起來很熟悉！」

原來是個性內向的小兒子，自己訂位來捧老爸的場。林大哥回憶當晚的情景，忍不住臉上堆滿笑意。

「我走去他那一桌，另外兩位共桌的客人問我菜色，兒子在旁邊頭低低的，故意不跟我目光相接，我也假裝鎮定。走完一圈，才又回去坐下來跟他相認。」林大哥有點不好意思，「這是我們的互動模式啦！」

「他本來訂週二，但後來才知道我固定週四輪班，所以還多付改期手續費，就是為了要來看老爸掌廚。」

那麼兒子來探班後，感想如何？「當然開心囉！雖然在食憶吃到的菜，我在家裡也都做給他們吃過，但來一趟，又可以吃到另外兩位長輩的菜。」

吃飽了，原本內心壓抑的情緒和無以名狀的想法，也許就沒有那麼難以表達了。在這個共享的空間裡，看著那個對你來說最重要的人，即便是尋常的食物，也閃耀著熠熠魅力。

recipe 01

化骨秋刀魚

5～6人份，所需時間：2～2.5小時

林大哥的家常食譜

熱愛日劇和日本文化的林大哥，也會從日劇中汲取料理靈感，化骨秋刀魚就是其中一道。看到日劇主角從冰箱中拿出冰冰涼涼的秋刀魚，讓林大哥起了好奇心，先從市場上的老人家那得知了做法，再發揮查找與研究精神，終於做出和想像中一樣的風味。

化骨秋刀魚最需要的就是耐心。細細熬煮的每一條魚都綿密入味，長伴左右的嫩薑，因為吸收了滿滿醬汁，也成為和主角秋刀魚不分軒輊的好滋味。無論直接吃，或是在冰箱中冰鎮後再吃，都讓人彷彿置身日劇中的日常時光。

材料

〈主食材〉

- 秋刀魚…4條
- 洋蔥…1顆
- 青蔥…4支
- 嫩薑…1塊

〈佃煮醬汁〉

1. 米酒…150克
2. 飲用水…150克
3. 醬油…60克
4. 白醋…60克
5. 味醂＋冰糖1：1
…共60克

（1～5的比例為5：5：2：2：2）

〈裝飾〉

- 白芝麻、青蔥絲…各少許

做法

1 秋刀魚洗淨，去掉魚頭和內臟（也可不去掉，整條吃更營養），中間一刀切成頭尾兩段。

2 洋蔥切大塊，青蔥切長段，嫩薑切片。

3 熱平底鍋，上薄油，將秋刀魚兩面表皮微煎至焦黃。

4 取一深鍋，底部先鋪一層洋蔥、青蔥段和嫩薑片。

5 將所有秋刀魚段平鋪在鍋內，再鋪上剩餘洋蔥，青蔥段和嫩薑片。

6 倒入〈佃煮醬汁〉（按比例量取適量，醬汁蓋過秋刀魚即可）。

7 將烘焙紙裁切成比鍋子稍小的圓形，中間挖小孔，做成落蓋置於食材上。

燉煮過程中，落蓋覆於食材上，能讓食物均勻受熱，更好入味。

8 慢火燉煮2小時左右，最後可拿起落蓋開中大火，適當收汁。

9 盛盤後，灑上白芝麻與青蔥絲裝飾。

recipe 02

咖啡排骨

聽到咖啡排骨，不少人會露出好奇眼神。這道料理來自於新加坡，林大哥在信義區一家東南亞料理餐廳偶然吃到念念不忘，於是又開始尋求他的料理老師「YouTube」協助，經過了多次嘗試與實驗，果然讓他試出了魂牽夢縈的味道，也成為林大哥在食憶的招牌菜之一。

排骨的外頭裹著濃稠的咖啡醬汁，香氣獨特，一口咬下，會先嚐到苦中帶甜的醬香，接著才是軟嫩的豬小排。這道菜的調味比例是林大哥琢磨多時才找到的「理想型」，有機會也不妨在自家廚房，試試這道別具風味的南洋料理。

3～4人份，所需時間：40分鐘

材料

〈主食材〉

豬小排（切小塊）…1斤
蒜頭…4～5瓣
辣椒、青蔥…各1支
雞蛋…1顆
杏仁片…些許

〈醃料〉

三合一咖啡粉…2包
蠔油…3大匙
食用小蘇打粉、白麻油…各1小匙
太白粉…4大匙

〈醬汁〉

即溶咖啡、蠔油、太白粉…1各大匙
飲用水、糖…3各大匙
醬油、烏醋…各1.5大匙
紹興酒（其他黃酒類也可）…2大匙

做法

1 豬小排洗淨後擦乾，蒜頭切末、辣椒切圈、青蔥切絲備用。

2 取一碗缽或深鍋，醃漬豬小排用。先打入一顆全蛋，放入**〈醃料〉**調勻後，加入豬小排拌勻，靜置1小時。

3 取一油炸鍋，油溫約180度時，將豬小排入鍋炸約7～8分鐘，炸透至表面金黃後撈起。轉大火，豬小排入鍋炸第二次。炸30秒後即撈起濾油。

4 調製**〈醬汁〉**，加入所有調味料後拌勻。

5 在炒鍋倒入些許油，先爆香蒜末，再倒入**4**的醬汁，以小火加熱至濃稠。

6 倒入**3**的豬小排，均勻攪拌、裹上醬汁，丟入辣椒圈稍拌一下即可盛盤。

7 撒些許炒過的杏仁片，增添香氣，最後再放上點綴用的青蔥絲。

豬肚四神湯

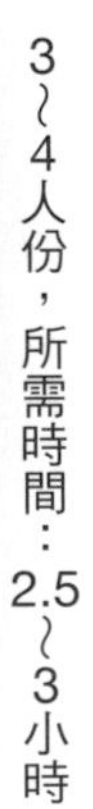
3～4人份，所需時間：2.5～3小時

林大哥的豬肚四神湯是他最自豪的料理之一。熱愛研究和嘗試的他，一樣試遍了多家中藥店的四神配方，才選定心目中的第一。

而豬肚則是要每一寸親自清洗乾淨，並去除腥味。因此這道豬肚四神湯最常得到的讚賞就是：「完全沒有腥味，又Q又好吃。」

另一個重頭戲就是最後畫龍點睛的藥酒，林大哥絲毫不馬虎，特別自製的當歸蔘鬚藥酒，加一小滴就香氣四溢，是一年四季都適合進補的絕妙好料。

材料

豬肚…1個
四神中藥包…1包
嫩薑…1塊
紅棗…50克
枸杞…30克
米酒…約100～200ml
飲用水…十人鍋八分滿
鹽…適量
白胡椒粉…適量
當歸蔘鬚藥酒…些許

做法

1. 將豬肚洗淨（可請肉攤幫忙處理），滾水汆燙幾分鐘後，出鍋沖水冷卻。
2. 用剪刀將豬肚剪成兩大片，剪除豬胃內的脂肪後，再次入鍋燙熟。
3. 將燙熟的豬肚再次沖冷水放涼，切成一口適當的大小。
4. 嫩薑切絲、四神材料稍沖水洗淨、紅棗和枸杞泡冷水約10～20分鐘後，洗淨備用。
5. 在十人鍋中裝入八分飲用水，接著加入米酒、豬肚、四神藥材、薑絲，開大火煮滾後轉小火，燉煮1小時。
6. 燉煮1小時後，放入紅棗繼續小火燉煮半小時到1小時。
7. 起鍋前加入鹽、白胡椒粉，最後加入枸杞煮滾後關火。
8. 盛入碗中，上桌前滴上幾滴當歸蔘鬚藥酒，增加香氣。

- 四神中藥包建議於中藥行購買，內容物為蓮子，芡實，茯苓，淮山，薏仁，有些中藥行會另加一片當歸，增加香氣。
- 當歸蔘鬚藥酒可於中藥行買50元當歸＋蔘鬚，泡入紅標米酒裡數天。

號稱「格格西施」、
潮流尖端的

吳大姐

吳大姐，60歲。
菜系：上海菜、眷村菜
食譜：口口吃肉
五光十色
金條滿盆

超有哏的吳大姐，一開口講話就停不下來，是食憶眾人眼中潑辣的Drama Queen，她則形容自己是食憶外場的「酒促大媽」，大部分時候是忘記自己幾歲、任性又快樂的北京格格。

1 國小時的吳大姐和合唱團團員合照。

吳大姐在新竹樹林頭空軍眷村長大，媽媽是上海人，爸爸來自北京、祖上旗人，是開戰鬥機的飛官。

以前空軍家庭裡，常有令人羨慕的美援福利，每週可以分配到空運來台的福樂紙盒牛奶，九罐鮮奶、一罐巧克力，「我們都搶著喝巧克力，鮮奶不喝、拿去餵狗。」

好吃但挑食的鬼靈精

家裡最多曾養九隻狗、三隻雞。「有一次我媽要殺雞殺不成功，雞斷了一半脖子到處跑，所以我從小就不敢吃雞。」家裡餐桌可見上海菜、北方菜、麵食，加上住在眷村，各種流派的菜都吃得到，「但我很挑食，雞肉之外，連青椒、紅蘿蔔、番茄、香蕉、芭樂都不吃！」疼女兒的爸爸，還會幫她挑掉不吃的菜。

排行老二，上有一姐、下有一妹，媽媽不准三姐妹留長髮，不然早上要綁三頭辮子太麻煩了！因此吳大姐從小就是一頭俐落短髮，直到現在。

吳大姐在三姐妹中花招最多、最皮，曾經抱怨媽媽「為何妳可以去打牌，

2 暑假時去愛丁堡找念碩士的女兒。

我就不能去同學家玩？」於是被家法伺候。疼她的爸爸不會打，只罰跪，「我就邊跪邊打瞌睡。」

小時候鬼靈精怪，長大也不改本性，最會幫菜取自創的名字，例如「五光十色」是涼拌粉絲；「口口吃肉」則是從口味辛辣鹹香的湖南菜改良而來。「外面餐廳菜名都一樣，太無聊了！」她得意地笑說。

任性的她，挑食但好吃，做菜也有個性。

麻煩的燻魚、蔥烤鯽魚不碰，「我不愛吃，所以不想學，太多刺了！」自己不吃的紅蘿蔔，更是絕對不放，不過倒是會為了有高血壓、不能吃紅肉的先生料理雞肉，做出不放孜然的新疆大盤雞。

品味從小養成

做菜風格從命名到料理都十足華麗，形塑自小家中餐桌上時常見到的大菜。上海人外婆主理的年夜飯，一定有薺菜餛飩、冰糖醬鴨、蔥烤鯽魚、烤麩、蛋餃、十香菜、獅子頭、雪菜黃魚，也一定會有炒年糕，洋洋灑灑超過十道。還有上海人才吃的魚丸蘿蔔湯，魚丸購自南門市場，用現打的鯪魚製

3 參加女兒畢業典禮時留下的照片。

作，「吃起來像是鼻涕，很軟很細」。

有旗人血統的她，做菜也常走宮廷風。

「乾隆菜」，據說是乾隆皇帝打仗逃難時，在民間吃到的涼菜，將煙台大白菜的葉子、葉梗切條狀，用鹽抓一下去生味，再用芝麻醬拌勻調味，撒上檸檬汁與敲碎的蒜味花生米、香菜、蔥花。

「格格豆腐」，則是煎豆腐加上蝦乾、臘腸跟肝腸、香菇一同燉湯。「醃篤鮮一定要用金華火腿，放好放滿，湯不用放一滴鹽。」吳大姐說，外面常見、濃稠奶白的醃篤鮮湯，許多都加了骨粉，不是食材原本的味道。「我的醃篤鮮湯雖然色清，但是很濃郁。用好的原料和食材，就不需要用多餘的調味料。」

另外，先生曾因公派駐英國五年，吳大姐也因此學會不少西式料理。那段時間她「看電視看食譜，帶翻譯機去超市學食材的名字」，常在有大花園的宅邸，宴請一群客人吃飯，樂在其中，也不覺麻煩。先生加入當地高爾夫俱樂部、打高爾夫球，「但我不喜歡，走很久只能打一球，又不能講話，很痛苦！」

忘了我幾歲

愛熱鬧、愛抬槓的吳大姐，退休前是證券公司營業員，超級適合愛講話的她。這般個性來食憶更是如魚得水，「好開心，找到人生的第二春！」因先生身體緣故，口味必須清淡，在家能發揮的菜有限。「在這裡我可以大煮特煮，做自己喜歡的菜！」

朋友在「一条」上看到食憶的影片，推薦她來報名，別人可能要猶豫幾天，她則是親自衝進餐廳報名，還手寫了三大張拿手菜單，「到現在還有好多菜沒出過呢！」就連主廚 Line 群組裡討論排班，她也常嚷嚷「選我！選我！」在外場跟客人互動，一秒變「嗨咖」，跟客人拚酒、開玩笑，讓來食憶的年輕人見識到麻辣長輩的風趣。因繼承爸爸的好酒量，還自稱「酒促大媽」。

「我從來不管自己幾歲、應該要有什麼舉動，很任性！還好大家對我容忍度很高。」

很做自己的吳大姐，另一項絕活是時裝搭配，據說擁有九個衣櫃，包包和配件都很講究，拍起照來更是十足銀髮超模的氣勢。問她要不要辦個拍賣會清一下衣櫃？

「不賣！每一件都是我的寶！」

4 熱愛穿搭的吳大姐，也留下許多讓眾人驚呼連連的時尚超模照。

搞笑歸搞笑，吳大姐最後不忘來個一本正經：很多菜與正統做法，在家庭裡或商業餐廳都很少吃到了，或許藉由在食憶跟年輕人分享家傳菜，可以勾起他們想做菜的慾望和興趣。

如果常常有吳大姐這樣娛樂性高的長輩主廚陪吃陪聊，想實現這個願望，並非遙不可及。

五光十色

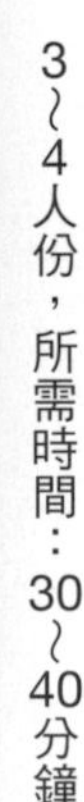

吳大姐的家常食譜

超級嗨咖的吳大姐非常喜歡幫菜取名，尤其專想一些讓人摸不著頭緒的名字，「五光十色」便是其中之一。這道料理出自哪個菜系已經不可考，不過據吳大姐所說，應該是上海菜，因為這是她從小吃到大的夏日家常菜。

前面提到，這道菜的本體是清爽的涼拌麻醬粉絲。以透明粉絲搭配紅黃椒、木耳、小黃瓜等顏色豐富的食材，拌上胡麻風味醬料，最後再以炸花生米增添口感。

取名「五光十色」，是因為將粉絲拌上麻醬後，沾滿醬汁的粉絲在燈光下閃閃發光，因此就取了這個華麗的名稱。

材料

〈主食材〉

乾粉絲…3把（150克）

黃、紅椒…各1/4顆

新鮮黑木耳…4片（約100克）

小黃瓜…1條（約100克）

九層塔…1小把（約20克）

白芝麻…適量

炸花生米…80克（市售現成的即可）

〈調味料〉

胡麻醬…4～5大匙

和風油醋…3～4大匙

魚露…1大匙

香油…少許

做法

1 粉絲以常溫水泡10～20分鐘後，剪成好入口的長度。

2 黃椒、紅椒、黑木耳、小黃瓜切絲。

3 煮一鍋滾水，將黃椒、紅椒、黑木耳分別汆燙。

可以另備一鍋冷水，將燙好的食材降溫或直接放涼，重點是一定要把水分徹底濾乾。

4 粉絲進滾水汆燙，取出後拌一點香油（份量外）放涼。

5 九層塔切細絲。

6 將所有備好的材料與九層塔拌勻後，加入〈**調味料**〉和一些白芝麻拌勻。

7 盛盤後撒上炸花生米、白芝麻和九層塔葉就完成了。

tips

- 白芝麻也可以用黑芝麻替代。
- 拌進調味料後粉絲容易變糊，須儘早食用。

recipe 02

口口吃肉

聽到「口口吃肉」眾人又是一陣疑惑。這道菜以糯米椒炒五花肉，加上荷包蛋，佐以豆豉、蘿蔔乾，荷包蛋吸飽了肉的油香，「彷彿每一口都可以吃到肉」，十分下飯。追本溯源，這道料理可能是改良自湖南菜的「湖南小炒肉」，只是湖南菜是以青辣椒為主，而吳大姐考量到台灣人可能沒吃這麼辣，因此以清甜的糯米椒代替，別有一番風味。

取名為「口口吃肉」，是因為這道菜色中加入了比一般份量更多的肉，而熟悉湖南菜的朋友，可能也會覺得它與另一道料理「農家一碗香」有些相似。這就是吳大姐融合兩道湖南菜、再加入巧思所做出的料理。

3～4人份，所需時間：1小時

材料

五花肉…1條（500克）
糯米椒…10條
蛋…4顆
溼黑豆豉…1小匙
蘿蔔乾…2大匙
醬油…少許
糖…少許
白胡椒粉…少許
冷水…1盆
（冷卻五花肉用）

做法

1 將五花肉汆燙至全熟。浸泡冷水後取出，切成薄片。

2 將糯米椒斜切約2公分寬。

3 起鍋放入些許油，將4顆蛋煎成蛋黃全熟的荷包蛋，用鍋鏟切成不規則塊狀後取出。

煎蛋時，可在蛋黃處放少許鹽巴，增添鹹味。

4 繼續使用同一鍋。再加入一點油熱鍋後，先放入黑豆豉，略炒至香氣散出，接著加入蘿蔔乾、五花肉片，翻炒至肉片表面金黃。

5 加入糯米椒和荷包蛋塊翻炒。可依個人口味，加入少許醬油、糖和白胡椒粉，再多炒一下下讓食材入味就完成了。

這道料理也可以加入高粱、紹興等酒類增添香氣。喜歡吃辣的話，加些紅辣椒或辣油也很對味。

recipe 03

金條滿盆

這是一道非常適合當成年菜的料理，因為看起來金光閃閃，十分吉利。

「金條滿盆」其實就是腐皮捲，也是吳大姐從小吃到大的上海味。注重食材的吳大姐堅持使用製作豆漿時第一道生成的豆腐皮（又稱千張），新鮮可口，豆香濃郁。裡頭的包料則遵循吳媽媽所教導的完美比例。

另一個最重要的就是包腐皮捲的功夫。吳大姐常常自嘲自己「包山包海」，舉凡蝦仁菜肉餛飩、蛋餃、水餃等，各種需要「包」的料理都是她的拿手絕活，在這種時候特別能看出上海姑娘的耐心。

3～4人份，所需時間：2小時

材料

〈主食材〉

豆腐皮（千張）…4張
絞肉…1斤
包心白菜…1顆
乾香菇…6朵
大骨高湯或雞高湯…1碗
（至淹過所有材料的程度）
鹽…少許
香油…少許

〈調味料〉（絞肉用）

鹽…1小匙
醬油…1大匙

做法

1 絞肉放入鋼盆中，加入〈調味料〉鹽、醬油，以同方向拌勻。

可放進冰箱冷藏一個晚上，更入味！

2 白菜洗淨後切成大塊，乾香菇泡軟、切絲。豆腐皮攤平、切半（共8張）。

3 準備包絞肉前，先將豆腐皮鋪平並噴一點水，使之稍微軟化。

4 將約2大匙的絞肉放在豆腐皮短邊上，像包春捲般捲起。約捲起兩圈後用手拉緊，折進左右兩邊，將腐皮捲成條狀。收尾時，可在收口處噴一點水。

為避免不容易熟透，腐皮捲的長度不超過8公分、寬度不超過3.5～4公分為限。

5 起一鍋，放入少許油後熱鍋後下腐皮捲，煎至呈金黃色，取出備用。

包好的腐皮捲呈圓柱型，需注意至少要煎到兩面、最好每一面都有均勻煎成金黃色。

6 在鍋中放入大白菜與香菇，炒至白菜變軟。

7 在白菜上鋪上腐皮捲，再加入高湯至淹過所有材料的程度。以中小火煮約5～10分鐘，使腐皮捲入味、白菜軟爛。

8 依個人口味加入少許的鹽，最後滴幾滴香油後就完成了。

若手邊剛好有枸杞，這道菜也很適合加一點喔。

親切可人的商場女強人

邢大姐

邢大姐，62歲。
菜系：江浙菜、眷村菜
食譜：油燜筍
開陽干絲
醬爆雞

時髦亮麗的邢大姐，形容自己是「馳騁商場剽悍女老闆」，退休後終有時間能盡情做菜。雖自稱剽悍，但本人超親切無距離，奢華盡在情意中。餐桌凝聚了走闖兩岸的記憶，也是家庭生活的美好進行式。

1 馳騁於商場的時光。

食憶主廚群五花八門的生活背景，可以拼出一張廣闊的地圖。邢大姐的父親是山東人、媽媽是台灣人，從小家裡，爺爺和爸媽端上桌的，多半是麵食、水餃、烙餅。邢大姐學生時代也去親戚家開的餃子館打工，幫忙煮酸辣湯。

山東姑娘的江浙廚房

「還在做小姐的時候，我們就跟傅培梅學做菜了！」大學畢業後，她進入中廣上班，趁著午休，跟同事合資請名廚傅培梅來公司活動中心教做菜，上了三個月左右的課，奠下了紮實的基礎。婚後又跟來自浙江美食之都諸暨市的婆婆學江浙菜，廚藝更上一層樓。

由於上海人公公經營紡織業，全盛時期，家裡經常要宴客，常見菜色是口味偏甜的江浙、寧波菜。「婆婆做杭州名菜東坡肉，要先將整條帶皮五花肉燙過、定型再切，然後用棉繩將肉塊綁緊，浸於醬料中以小火煨煮數小時，冰糖放的時機也有學問。」邢大姐以景仰口吻，訴說婆婆嚴謹的風格。

冰糖和醬油合奏出的濃郁重口味，是江浙菜的靈魂。邢大姐跟先生一起經營堆高機品牌，因緣際會去了杭州開設工廠，縱橫於繁忙商場，一待就是十年。在食憶報名表要填拿手菜時，她洋洋灑灑寫下開陽干絲、油燜筍、冰糖醬鴨、扁尖筍金華火腿雞湯、蔥燒鯽魚、寧波年糕、豆干肉絲、涼拌茼蒿豆干末等八樣菜，展現長年宴客、把功夫菜當家常菜的氣魄。

「有些菜，回到台灣做，還得因地制宜。」例如茼蒿豆干末，在杭州是使用氣味獨特、有食療作用的「薺菜」，「回台灣後試過用青江菜、菠菜製作，但氣味和質地都不太適合，最後發現茼蒿的味道最搭。」這道菜得耐心慢慢切菜與豆干，讓菜末和豆干充分混合，跟另一道常備菜油燜筍，都是家人百吃不厭的清爽小點。

愛美愛玩愛表現

練就煮菜的好手藝，一部分還得歸功於兩個寶貝女兒。「女兒唸私校，白天很多同學家長都會趁等小孩放學的空檔，來我家一起買菜、做菜。」邢大姐家住交通方便的忠孝復興，附近有超市、黃昏市場、百貨公司可以採買，媽媽們興致一來，想到要煮什麼，就馬上一起去買食材來做，一群人在家玩料理創意，也喜歡設計擺盤，「就算在家裡，把菜擺得很漂亮，心情也會很好！」

2 邢大姐和兩位寶貝女兒。

食物串連家庭關係，大女兒在建築事務所工作，邢大姐愛屋及烏，常常燒番茄牛肉湯，給大女兒的老闆進補；活潑好動、喜歡露營潛水的小女兒，則經常找一群朋友，來家裡享受媽媽的好手藝，而跟朋友造訪過食憶的小女兒，也是邢大姐進入食憶的「推坑者」。

「她跟我說，媽媽，妳那麼愛煮菜給別人吃，來這裡可以交到很多朋友、可以煮給更多人吃！」

喜歡熱鬧和分享的邢大姐，退休後當然閒不下來，秀出手機裡的照片，畫面琳琅滿目，跟女兒一起學做香氛蠟燭、永生花、花式蛋糕，任何跟「美」有關的事物她都有興趣。平常還會去幼稚園當志工煮飯，為不吃愛吃蔬菜的小朋友設計綠花椰菜聖誕樹。「反正就是愛表現，大家一起分享，比較好吃！」

recipe 01

油燜筍

3～4人份，所需時間：55分鐘

原本就愛吃筍的邢大姐，第一次嚐到婆婆做的油燜筍就立刻向她討教，現在做起來得心應手，不但是家中冰箱的常備菜，也是邢大姐交朋友的「見面菜」。

這道菜冷吃尤其美味，只要煮好一大鍋放在冰箱裡，可以是客人來訪時能迅速上桌的迎賓小菜、女兒晚上肚子餓時的無負擔宵夜，桌上少一道菜時的最佳救兵。而更多時候，這道人人喜歡的小菜，是邢大姐分送朋友的禮物，也是愛熱鬧的邢大姐的交友祕方。

材料

桂竹筍…1斤
橄欖油…5大匙
醬油…5大匙
冰糖…2又1/2大匙
蔥薑水…300㎖
（將蔥、薑切絲泡水即可）
蒜頭…3瓣
辣椒…1條
香油…少許

做法

1 將已處理好的桂竹筍洗淨剝開，切成2公分小段，丟入滾水中，煮5分鐘後瀝乾。
2 蒜頭切片、辣椒切圈。
3 鍋中放入橄欖油、桂竹筍、醬油、冰糖、蔥薑水煮滾後轉小火，每隔一陣子稍微拌一下。
4 小火煮15分鐘後，放入蒜片、辣椒圈，再煮15分鐘。
5 把鍋中的所有辛香料撈出，僅取桂竹筍。
6 起鍋時趁著熱氣加入香油攪拌，可以用辣椒圈裝飾。

若能放置冷藏一夜入味，風味更佳。

note

這道料理冷藏約可放5天。

recipe 02

開陽干絲

3～4人份，所需時間：40分鐘

邢大姐的家常食譜

江浙小館與麵食館常見的涼拌干絲，以干絲拌入紅蘿蔔、芹菜，是令人聯想到夏天的清爽涼菜，而邢大姐的家常料理，則是開陽干絲：開陽就是金勾蝦，這是道在干絲中加入金勾蝦與肉絲的揚州地區料理。開陽干絲除了當做涼菜，也可以加熱之後當成主菜，對於家中時常有客人拜訪的邢大姐來說，這種一菜多用的料理可說是在方便不過了。

這道菜的食譜同樣來自於邢大姐廚藝了得的婆婆，除了口味好，沒什麼熱量的干絲，更是大受邢大姐的女性朋友們歡迎。一群好友每個月出遊出遊一到兩次，邢大姐也帶著她的開陽干絲一起遊山玩水，朋友們吃得輕鬆沒負擔，常常嚷著要邢大姐多做一些，讓大家帶回家。

材料

〈主食材〉

干絲…約1斤
肉絲…4兩
開陽（金勾蝦）…2兩
醬油…2大匙
水…300㎖
糖…2小匙
白胡椒粉…少許
鹽…少許
香油…少許

〈醃料〉

醬油…1大匙
米酒…1小匙
太白粉…適量

做法

1 將干絲泡水後多洗幾次，瀝乾水分。金勾蝦泡水備用。

2 太白粉先加一點水，調成薄芡水。

3 肉絲中加入〈醃料〉的醬油、米酒和少許芡水，醃10～20分鐘。

4 熱鍋放油，先加入肉絲炒香後，再放入金勾蝦爆香，起鍋備用。

5 鍋中放入醬油、水煮滾後再加入糖與干絲，大火煮滾後轉小火，悶煮20分鐘。中間可以稍微攪拌。

6 加入炒好的肉絲和金勾蝦，燜5分鐘。

7 起鍋前加入少許香油、鹽、胡椒粉，拌勻後就完成了。

note

這道料理冷藏約可保存3天。

recipe 03

醬爆雞

3～4人份，所需時間：55分鐘

「醬爆」指的是甜麵醬大火爆炒，不論是醬爆雞或醬爆豬，都是同樣的道理。因為家裡的三個女人都怕胖，所以邢大姐平常多半使用比較沒負擔的雞肉，如果想要吃得再少油一點，可以挑選雞胸肉，再加上彩椒配色，更顯得色香味俱全。

邢大姐說：「用雞腿肉比較好吃，但是如果我用雞腿就會被家裡的兩個女兒『退菜』！」食譜中用的是雞腿肉，大家可以依喜好選擇喜好的部位喔。

材料

〈**主食材**〉

去骨雞腿…1隻
紅椒…1顆
洋蔥…半顆
甜麵醬…2小匙
糖…少許
青蔥…2～3支
蒜頭…5瓣
薑…2～3片
香油…少許

〈**醃料**〉

醬油…2大匙
米酒…2小匙
太白粉…適量

做法

1 雞腿肉斷筋切小塊。太白粉先加一點水，調成薄芡水。

2 雞肉中加入〈**醃料**〉的醬油、米酒和少許芡水，醃20分鐘。

3 在濃稠的甜麵醬中加入一點水（份量外）調勻拌開，加糖再度拌勻。

4 蒜頭切片、薑切片，青蔥切花後將蔥白蔥綠分開。洋蔥、紅椒洗淨切塊。

5 熱鍋放油，先放入雞腿塊，以大火快炒至雞肉上色、散出香氣。在雞肉快熟時起鍋備用。

6 鍋內保留少許雞油，加入蒜頭、薑片爆香，再放入洋蔥與蔥白大火爆炒。

7 加入調好的甜麵醬，略微拌炒後再加入紅椒快炒。

8 加入雞腿肉，以大火快炒上色後起鍋。

9 撒上蔥花、淋上香油後就完成了。

前菜 雪菜炒毛豆

主食：魚香肉絲麵

主菜：花椰炒中卷

獅子頭

蘇州紅燒肉

充滿創意的客家媳婦
張姐

張姐，56歲。
菜系：客家菜
食譜：客家鹹湯圓
　　　鳳梨川耳炒肉
　　　涼拌金針

好學愛鑽研的張姐，擅長將不同食材以別出心裁的方式搭配，也能用傳統道地的客家米食，收服家人與年輕人的胃。

1 張姐隨食憶去日本參展。

做菜對張姐而言是放鬆，用雙手完成一個小小的嶄新世界，在蒸氣氤氳中自我充電，然後繼續面對生活裡的挑戰。

婆婆認證的創意客家粄

張姐端上食憶餐桌的芋頭粿，不需蘸抹厚重的醬料，濃濃的芋頭香和略微焦脆的口感，每一口都讓人感受到製作者的用心。

做粿（客家人稱「粄」）的功夫，從嫁進花蓮客家家庭後便開始磨練。「以前看婆婆做，但老人家都是憑經驗，無法詳細說明步驟。後來看電視學，整理出一套自己的配方跟SOP，確保每次品質都一樣。」

一開始仿效電視教學的速成法，用現成米粉製作，但老公試吃後感覺味道怎麼都不對。不斷實驗後，改良傳統做法，將米加水攪打成渾厚米漿，慢慢試出屬於她自己的黃金配方。

秀出攝影師兒子幫她拍的「粿照」，不同口味的各色創意粿一字排開，彷彿繽紛的彩色積木。除了常見的蘿蔔、芋頭、紅豆、地瓜，還使用較少見的南瓜、紅蘿蔔、米豆、薏仁。

2 張姐的招牌客家粿（粄）。

很多人敬而遠之的紅蘿蔔炒到熟透後，生腥轉為香甜，意外地跟粄速配，「有次，一個三、四歲的小朋友來食憶吃飯，吃了好多塊粄，他很訝異這竟然是紅蘿蔔！」而口感分明的薏仁、米豆跟柔軟的粄結合後，也迸出令人驚喜的新風味。

「之前爸爸參加法鼓山活動，一人要提供一菜，爸爸請我做粿跟大家分享，結果師兄師姐們問爸爸『這個粿有沒有得買？』成品獲得肯定實在開心。」成品獲得肯定，更增加了創作動力，張姐的鬼點子盯上看似平凡的粄，能變化出多樣吃法，例如紅豆甜粿可以搭配起司吃，甚至裹上蛋液煎、搭配酸菜吃。

「我做的粄有經過客家婆婆認證喔！」張姐得意地說。親友認證之外，為了精進自己廚藝的張姐，還特地跑到南門市場買名店的紅豆糕，發現自己的紅豆餡料超級飽滿，相較於名店毫不遜色！

樂於分享的滋味設計師

聽張姐說粄，能感受到她對食物濃濃的熱情，不過，自稱愛動歪腦筋的她，一開始做菜，也不盡然是因為興趣，而是環境使然。

「家裡只有我是女生，就得在廚房幫忙。」

排行老二，又是唯一的女兒，自然得負責幫助忙碌的媽媽打理家務，唸小學時，週日要把一週份的菜買回來。何以知道要買什麼？「跟著媽媽上菜市場，多看自然而然就會了。」

責任感後來昇華為興趣，也成為忙碌銀行工作之餘的療癒之道，做果醬、甜點全都無師自通。一般的食譜無法滿足天生有鑽研魂的張姐，因此她還特地去找剖析各種食材特性的書籍來看，再藉由網路、電視吸收資訊，激發創造靈感。

例如「黃金泡菜芙蓉蛋」，也是看電視學來後再改良，變成食憶餐桌上一道慧黠冷盤。

油亮嫩黃的炒蛋與黃金泡菜相得益彰，而增色用的青豆，也不甘只是用來解膩的配角，經過張姐仔細處理、川燙，意外地沒有草腥味，能讓討厭青豆的人對它完全改觀。

把一般人討厭的食材變得可親、把平凡食材變得有個性，似乎是張姐的絕招。而善用當季食材，是老生常談卻又考驗創意的法門。

「溫拌透抽」是汆燙新鮮的透抽，跟時令水果蜜棗、小番茄送作堆，再拌橄欖油，紅綠粉白互映，色香味俱全，顏色也好看。

「可能我是比較搞怪的人吧！所以會去想一些別出心裁的搭配。」她笑說。

食憶做為生活的切換

在銀行工作三十多年的張姐，因為想專心照顧生病的母親，選擇在去年離開職場。一樣愛好美食的攝影師兒子鼓勵她來食憶大展身手，作為生活調劑，又啟動這位滋味設計師樂於分享的特質。

「第一次來食憶做菜、要端出客家湯圓，本來以為不是一件難事，結果很灰心！」

煮給四十人吃的大鍋份量，湯圓、青菜下鍋的時機沒掌握好，導致青菜都黃掉了，賣相很差。後來仔細研究後悟出：必須改變流程，才能充分展現食材應有的口感及滋味。

目前的張姐平常時間要照顧媽媽，來食憶做菜，對她來說是暫時卸下重擔、讓心情放鬆。「做自己喜歡的事情，就會很開心！」

recipe 01

客家鹹湯圓

嫁做客家媳婦的張姐，一步步習得了各式客家菜，而鹹湯圓就是第一個到位的拿手料理，連客家婆婆都讚賞。

別看鹹湯圓看似簡單，張姐的客家鹹湯圓料頭極為豐富，香菇、肉絲、蝦米、青菜滿滿。「我喜歡食材飽滿，讓家人吃得開心。」而湯圓Q彈的祕訣，是煮熟之後要要冰鎮，讓湯圓緊緻以增加口感。

鹹湯圓也有季節性，茼蒿產季時茼蒿當仁不讓；在非茼蒿季時，則會以小白菜或青江菜代替。在看似嚴謹的客家料理中，找出一點自己創意的園地。

3～4人份，所需時間：30～40分鐘

材料

小湯圓…1斤
茼蒿…1斤
（若非產季可用小白菜、蚵仔白等其他蔬菜取代）
五花肉…半斤
乾香菇…10～15朵
蝦米…1小碟
紅蔥頭…1小碟
芹菜…2大枝
青蔥…5枝
韭菜…1小把
水…1500㏕
醬油…1大匙
鹽…適量
白胡椒粉…少許
冰水…1盆（冷卻湯圓用）
香菜…少許

做法

1 五花肉切片、乾香菇洗淨泡開後擰乾水份切絲、蝦米洗淨泡米酒。茼蒿洗淨切段。

2 紅蔥頭切片，芹菜、青蔥、韭菜洗淨切珠，香菜切段備用。

✒ **切好的蔥白與蔥綠、韭菜白色與韭菜綠色可以先分開放。**

3 起一鍋滾水，水滾放入小湯圓，煮至浮起後撈出冰鎮備用。

4 另起一油鍋，先將香菇煸乾後取出。

5 冷鍋放油，加入切好的紅蔥頭，煸至紅蔥頭呈金黃色時取出，將紅蔥酥與油分離。

6 鍋內放回適量紅蔥頭油與五花肉片煸香，接著依序加入蝦米、香菇，分別炒香後，沿著鍋邊熗1大匙醬油，並加入一點白胡椒粉（份量外）炒勻。

7 接著下蔥白、韭菜白，炒香後加入香菇水、水（也可用高湯取代），煮滾後以適量鹽與白胡椒粉調味。

8 將**3**的湯圓瀝乾後放入鍋中，煮開後先下茼蒿，煮滾再依序加入：蔥綠、芹菜、韭菜葉與紅蔥酥拌勻。最後撒上香菜即可上桌。

- 五花肉稍微冷凍後硬一點比較好切。
- 紅蔥酥也可以市售的紅蔥酥取代。

鳳梨川耳炒肉

3～4人份，所需時間：30～40分鐘

張姐的婆婆吃素，常會煮鳳梨川耳炒山藥等蔬食料理。

有天她靈機一動，心想：「鳳梨不是有酵素嗎？這樣和肉在一起，應該會有不錯的效果吧？」

結果正如她所想，鳳梨的酸甜滋味和酵素讓肉更加軟嫩入味，也減低了油膩感，健康又美味。

張姐嘗試了各種比例，終於找出黃金比例，鳳梨川耳炒肉也成為張姐全家人喜愛的家常料理之一。

材料

〈主食材〉

新鮮鳳梨…2大片
五花肉…半斤
川耳／黑木耳…手抓1把
洋蔥…半顆
紅蘿蔔…半條
薑…3片
鹽…1小匙
糖…適量
白醋或檸檬汁…少許
地瓜粉…適量
香菜…適量

〈醃料〉

醬油…1小匙
鹽、米酒…各1大匙
白胡椒粉…適量
鳳梨心…2大片鳳梨取下的份量

做法

1 新鮮鳳梨去心，切成適口大小。

2 五花肉切片後放入調好的**〈醃料〉**中，至少醃漬20分鐘。

3 川耳／黑木耳泡發洗淨後以手撕適口大小。洋蔥、紅蘿蔔切片，薑切絲、香菜切段備用。

4 煮一鍋熱水，汆燙川耳／黑木耳。醃好的五花肉片以少許地瓜粉抓勻。

5 起鍋熱油，先放入薑絲、五花肉片炒香，再依序加入紅蘿蔔片炒熟、洋蔥片炒香。

6 接著加入黑木耳／川耳及鳳梨炒香後，加入鹽、糖、白醋調味。

糖和白醋（檸檬汁）可視鳳梨酸甜度調整。

7 盛盤後加入香菜裝飾即可上桌。

涼拌金針

3～4人份，所需時間：30分鐘

張姐的夫家是花蓮人，因此，每年都會回花蓮掃墓。有一回，在金針產季看到滿滿的金針，讓張姐思考除了金針茶以外的料理可能，因此開始了金針入菜的一段旅程。

張姐第一個嘗試的是涼拌金針，沒想到效果異常的好，加上吃素的婆婆也可以一起吃，更增加了做這道菜的動力。張姐強調：一定要選擇有安全標章、顏色不過於鮮艷、乾燥且沒有刺鼻味的金針。而好山好水的六十石山，正是金針的大本營，想做這道料理的朋友，下次去花蓮旅遊時，記得去六十石山走走順便帶些金針回來唷！

材料

〈主食材〉

乾金針…手抓2大把
川耳／黑木耳…6朵
紅蘿蔔…半條
芹菜…2大枝
（也可以西洋芹1大枝替代）
金針菇…1包
薑…3片
紅辣椒…2支
香菜…少許
蒜頭…適量
（不加香菜與蒜頭，則為素食）

〈調味料〉

香油、胡麻油…各1.5大匙
鹽…2大匙
醬油…1大匙
味醂、糖…各2大匙
檸檬汁或白醋…2大匙

做法

1. 乾金針洗淨後以剪刀去除蒂頭。川耳／黑木耳泡發後洗淨，以手撕適合入口大小。
2. 紅蘿蔔切或刨成細絲、芹菜切段（若使用西洋芹則去除外部較粗纖維後斜切片）、金針菇去尾切成段。
3. 薑切絲、紅辣椒去籽後切絲，蒜頭切末、香菜切段備用。〈**調味料**〉事先於小碗中調和。
4. 煮一鍋熱水，依序汆燙金針、芹菜、紅蘿蔔和黑木耳，瀝乾水分後放入容器內。
5. 加入調好的〈**調味料**〉、嫩薑、紅辣椒與蒜末拌勻，最後撒上香菜即可。

從小到大
都在一起的

楊二姐 楊三姐

楊二姐，67歲。
楊三姐，66歲。
菜系：客家菜、廣東菜
食譜：
楊二姐「梅干獅子頭
　　　　客家小炒
　　　　客家鹹豬肉
楊三姐「釀豆腐
　　　　梅干扣肉
　　　　蒜泥白肉

從小一起長大的兄弟或姐妹，若同時也是你最好的朋友、鄰居與圓夢夥伴，真是再幸福不過了。楊二姐（左）和楊三姐（右）把成年世界活成青春無敵的女生宿舍，一起變老、一起夢想，還攜手在食憶圓了開店做菜夢。

1 楊二姐家豐盛的年夜飯。

苗栗楊家有六個小孩，楊爸爸是小學校長、楊媽媽是老師，平時兩人在大湖的學校服務，楊家孩子們在苗栗市上學，由祖母看顧。一家人只有假日跟寒暑假才團聚，楊二姐和楊三姐排行中間。

客家姐妹感情好

楊二姐和楊三姐只差一歲，感情最要好，也最愛跟彼此鬥嘴、甚至爭風吃醋。「我小時候覺得二姐是『祖母的』，她很疼二姐，帶她到處跑，我則是跟爸媽一國。」三姐笑說。

祖母要照顧六個孩子，無法面面俱到，帶便當也是簡單煮，「以前看到同學的便當變化多端，很豐盛，魯蛋好大一顆，我們都是散蛋打一打，煎蛋而已。」假日才相聚的父母忙於教職，不會花太多心思煮飯，回憶起小時候的年夜飯，沉穩的二姐歪著頭想了一下，「好像每年都一模一樣！」

雖然家裡不重視吃，但走出家門就可以開眼界。苗栗市大多是客家人跟外省人，同學、鄰居幾乎都是眷村小孩，「從小別人都不把我們當成客家人，以為我們是外省人，我們也很少有機會講台語。」二姐笑說。常去同學家玩，看外省媽媽包水餃、擀麵皮，學會了就回家如法炮製。「記得有回同學媽媽教我們做魚香茄子，我們才知道原來茄子可以這樣做！」

二姐五年級時，祖母去世，情勢所逼，楊家孩子得學習獨立、自己煮飯，從此開始下廚生涯。「小時候還用炭火爐燒飯呢，眼睛一瞄就知道水要多少。」煮飯技藝於是在生活中慢慢養成。

兩人婚後搬到台北，客家舌頭還是牢牢長在身上。平日料理常用的梅干、蘿蔔乾、金桔醬等客家食材，一定要在苗栗補貨，以維繫道地風味，用來涼拌黃瓜的黃豆醬則是認識的朋友自釀，滋味甜鹹交雜。

跟你黏在一起

姐妹倆從成長、求學到成家，幾乎沒有分開過。住在內湖至今三十年了，從租房到買房，都剛好離彼此很近，住處距離不到一個公車站，可以互相託付照顧小孩、到對方家裡一起吃飯，兩家人也常常一起出去玩，「一個月沒看到對方，就會覺得怪怪的！」

兩人的另一半也都是客家人，二姐嫁四縣客家人，三姐嫁廣東客家人，平

2 楊三姐在自家陽台曬蘿蔔錢。

日都是忙碌的職業婦女，但堅持煮飯。「我們很少在外面吃飯，一般都是在家裡煮。」

三姐的公公是廣東客家人，曾在苗栗公館開過餐館，會不少大菜。「剛結婚的時候都不敢坐在公公旁邊，因為他講的客家話很難懂！」雖然溝通有點困難，但公公的招牌菜「釀豆腐」，楊三姐倒是學起來了。在公公旁邊幫忙，慢慢學會調料、技巧，還改良成少油的健康版本，每年的年夜飯桌上，一定也出現這道費工的菜。

對餐飲一直很有興趣的三姐，還曾經短暫開過快餐店。「店面本來是一個茶藝館，我們去那裡學古箏，結果有一天老闆說要移民去新加坡，問我們要不要頂，就找到朋友一起合作開店了。」

快餐店主打客家梅干扣肉飯、棒棒腿飯，從苗栗買來的水晶餃也是菜色之一，做得有聲有色，只可惜開了不到兩年，合作夥伴改行做直銷。「那時他們也找我做直銷，但我覺得既然開了店，就要好好做呀！」少了夥伴，獨自無法撐太久，三姐只好關店回去當上班族。

店關了，但對餐飲的興趣不減，不時還會跟最親近的二姐討論，「要不要來開一間咖啡店？」

圓一個退休開店夢

二姐也有開店夢，比起健談的妹妹，楊二姐話比較少，不過一聽到旁人稱讚她做的起司蛋糕，整個人便笑開懷。

「好久之前我就對西式烘焙產生興趣，特地去上課，從蛋糕麵包、月餅鳳梨酥都學，還有手沖咖啡，很有成就感。」二姐著迷烘焙，買了各種設備、考了丙級執照，甚至退休後還曾去社區麵包店當師傅，只是麵包店後來因營運考量而關門。

兩姐妹一直夢想有一個空間，賣自己做的蛋糕、咖啡，兼供應幾道家常菜。「不過這把年紀要想自己開店，真的很累，也經不起財務的損失。」正巧二姐上網看到食憶資訊，好奇之下拉著妹妹一起報名。

今年初，兩人帶著梅干獅子頭、客家炒米粉來試菜，一拍即合，展現廚藝的夢想，總算如願以償。因為知曉對方底細，兩人還可以互相代班、共同在廚房合作。

來食憶之後，很多同學、朋友慕名而來，頻頻被誇讚「你們好厲害！」還有朋友說想要來包場。那麼，現在還想要自己開店嗎？兩人笑答：「來食憶

3 熱愛烘焙的楊二姐親手做的蛋黃酥和蛋糕。

就可以滿足我們的心願啦！」

兩人在食憶端出的菜色，目前仍以客家菜為主，聊到未來或許可以發揮甜點功力，例如客家麻糬裹花生粉，或者二姐擅長的西式蛋糕。姐妹倆你一言我一句，二姐指指身邊的妹妹說：「她現在煮飯比我厲害，很有想法！」

看這對姐妹花時而互捧、時而鬥嘴，青春活力，一時竟難以相信她們已經攜手走過大半人生。原來，只要有最好的夥伴一起前行，就能青春永駐。

recipe 01

客家鹹豬肉

由祖母帶大的楊二姐，小時候最常跟在祖母的屁股後面到處拜訪朋友。

這道菜就是當時在祖母朋友家吃到的，第一次吃到就愛上，對楊二姐來說，一直都是童年歡樂的回憶。

當上媽媽後，楊二姐有回心血來潮，憑記憶試了這道菜，沒想到家人們都很喜歡，所以後來就常常做給家人和朋友吃，也成為客家楊二姐的正字標記。

3～4人份，所需時間：30分鐘

材料

〈主食材〉

五花肉：1條，寬度約兩指寬（約4公分）

〈醃料〉

蒜頭：10瓣

黑胡椒粒：2大匙

花椒：2大匙

鹽：1.5大匙

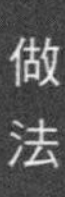

做法

1 準備醃料。蒜頭切碎，與胡椒、花椒、鹽混合炒過後靜置待涼。

2 將**1**均勻塗抹在五花肉上，放入冰箱冷藏，醃製約兩天。

3 整條五花肉去除醃料後，放入熱好的平底鍋中，以小火乾煎到兩面至金黃色。

用筷子插至肉最厚的部位檢查，若無血水滲出就表示已經熟透了。

4 將五花肉自鍋中取出，靜置5分鐘後切片、擺盤。

5 鹹豬肉沾醬的做法是將蒜頭拍碎或蒜苗切細後，加上醬油和醋（食譜份量外）。

客家鹹豬肉可以一次多醃幾條。在完成**2**的醃製過程後，將豬肉放入密封袋、將空氣擠出，放入冷凍庫保存。想吃時再退冰煎熟即可。

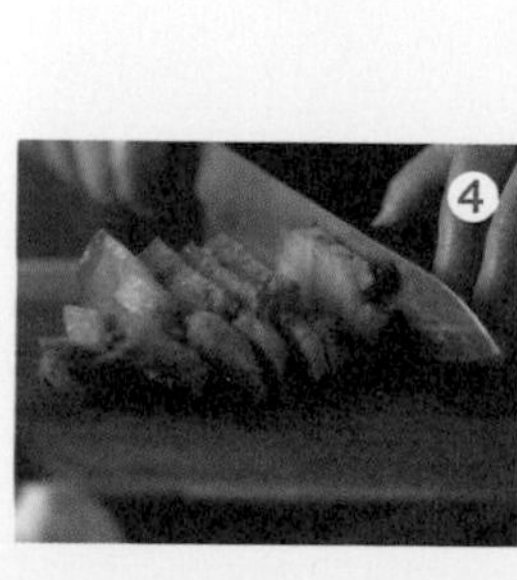

recipe 02

梅干獅子頭

3～4人份，所需時間：2小時

在二姐和三姐小時候，祖母常把梅干菜和絞肉放在一起蒸，類似瓜仔肉的概念。

簡單就能做出的美味料理，最適合拿來拌飯，也是屬於兩人的童年滋味。

長大後，楊二姐將記憶中的味道改良，製作成獅子頭，滋味一樣無限好。

雖然製程複雜了一點，但是喜歡料理的楊二姐還是經常做這道菜給家人吃，除了想念帶大自己的祖母，也希望能將上一代的愛，傳遞給自己的孩子們。

材料

〈主食材〉

絞肉…1斤（肥肉3、瘦肉7的比例）
大白菜或白蘿蔔…1顆／1條
水…1碗
醬油…1小匙
糖、鹽…各少許

〈調味料〉（絞肉用）

乾梅干菜…半把
蒜頭…3瓣
醬油…2大匙
水…半碗
鹽…少許

做法

1. 先以流動的水沖洗梅干菜。將濕潤的梅干菜靜置約30分鐘，待梅干菜軟化後，再仔細沖洗乾淨，確認摸起來不會有沙沙的，再擰乾水分切碎備用。

 梅干菜不可泡水，會導致香氣逸失。

2. 取一鋼盆放進絞肉，加入切好的蒜末、2大匙醬油、鹽和切碎的梅干菜略混合後，再加入半碗水，以順時鐘方向攪拌，至絞肉將水分完整吸收。

3. 把混合好的絞肉捏成圓形肉丸，放入冰箱冷藏備用。

 二姐的獅子頭一顆約50克、1／3至半個手掌大小，大小可依喜好調整。

4. 大白菜洗淨，切大塊。若用白蘿蔔，則切成一口大小的滾刀塊。

5. 準備炸鍋。油溫達160度時，慢慢將獅子頭放入鍋中，炸至定型且外表呈現金黃色後起鍋。

6. 另外準備一個砂鍋。將大白菜或蘿蔔鋪在砂鍋底部後，放入獅子頭、一碗水、1小匙醬油、糖與鹽調味煮滾後，轉小火燉煮30～40分鐘。糖與鹽可依個人口味和梅干菜鹹度調整。

7. 上桌前撒上裝飾用的香菜（食譜份量外，蒜苗和香菜的味道最搭，蔥花或其他香草也可以）等就完成了。

recipe 03

客家小炒

客家小炒是最經典的客家料理，而楊二姐的做法來自於父親。

楊爸爸是學校校長，楊媽媽是老師，因此爸爸通常都比媽媽早下班，家中若有開火，大部分是由爸爸掌廚。這道方便快速又有多種配料的菜色，就是爸爸的拿手料理。

成家後搬到台北，楊二姐依然常常做這道菜給家人吃，雖然不在客家莊生活了，但因為先生也是客家人，生活中還是保有很多兒時的客家回憶，這道客家小炒，就是連接記憶的其中一座橋。

3～4人份，所需時間：1.5小時

材料

後腿豬肉…半斤
乾魷魚…半隻
豆乾…6片
蝦米…半小碗
青蔥…7～8支
米酒…少許
醬油…1大匙
糖…2小匙
熱水…1/4碗

做法

1 乾魷魚泡水約4小時，至魷魚軟化。

2 蝦米泡軟、青蔥切段，並將蔥白蔥綠分開放。

3 將泡好的魷魚和後腿肉分別以逆紋的方向切成條狀，豆乾切片。

4 熱鍋放油，依序放入蔥白、蝦米、魷魚爆香，接著放豬肉絲、豆乾，炒至呈現金黃色並有香氣散出。

5 淋上一點點米酒後，再加入醬油和糖拌炒。

6 最後加1/4碗熱水和青蔥段，拌炒後燜一下下，就完成了。

recipe 01

紅燒釀豆腐

3～4人份，所需時間：1.5小時

楊三姐的家常食譜

楊三姐的公公是祖籍廣東的客家人，這道釀豆腐是夫家每年必備的年菜，也是公公進廚房大展身手的時刻。

相當尊敬公公的楊三姐，總是利用這個時候在一旁觀摩學習，而公公過世之後，她也成為家中唯一會做這道菜的人。

這道菜的神奇之處，在於要用筷子將調味好的肉泥塞進豆腐之中，塞透而不塞破，看過楊三姐現場表演的人，無不嘖嘖稱奇。想要嘗試一下的朋友，要有會失敗幾次的心理準備喔，希望大家不要氣餒。

材料

〈主食材〉

板豆腐…2大塊
絞肉…半斤
蝦仁…4兩
荸薺…4顆
冬菜…3兩
（冬菜在超市比較少見，在大賣場或傳統市場裡的雜貨舖可以買到。）
蛋…1顆
大骨高湯…1～1.5碗
青江菜或大白菜等喜歡的青菜…適量

〈調味料〉（絞肉用）

醬油、鹽…各2小匙
糖…少許

做法

1 將板豆腐切成長方塊狀，置於盤中。青江菜或大白菜洗淨，若是大白菜需切成大片。

3～4人份的話，豆腐約可切成12塊。

2 將蝦仁切丁，荸薺、冬菜切末，蛋打散備用。

3 將絞肉與**2**的食材倒入盆中，加入所有絞肉用的調味料，用手以同一方向拌勻。

4 手持豆腐、另一手持筷子，在豆腐長邊中央開一小口。

5 用筷子夾取**3**的絞肉餡料塞進豆腐中。

肉餡需塞至豆腐的另一側也開一小洞孔的程度，讓肉餡夠飽滿、但豆腐不至於裂開。

6 熱鍋放油，將鑲好的肉豆腐兩面煎至金黃色。

7 加入能蓋過豆腐高度的高湯，可依個人口味加鹽、醬油和少許糖調味，煮滾後轉小火，慢燉20～30分鐘至豆腐入味。

8 另起一鍋，先鋪上青菜，將煮好的豆腐放在青菜上，再加入剛才熬豆腐的湯汁，開火煮沸。待青菜煮熟後就完成了。

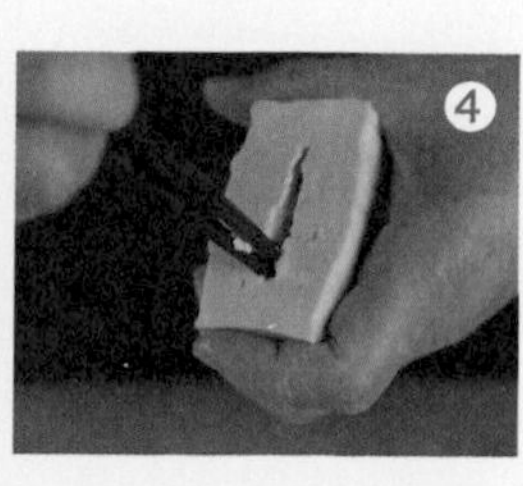

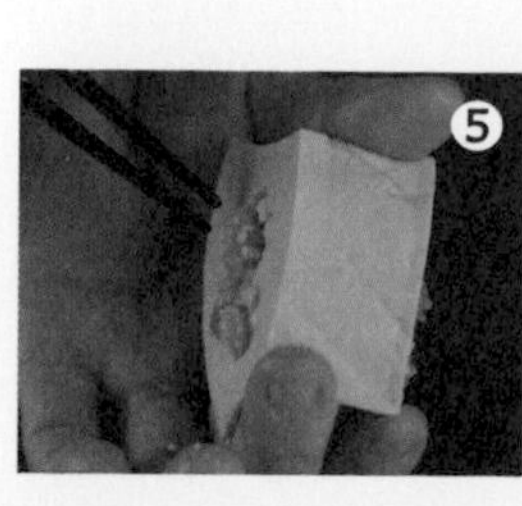

recipe 02

蒜泥白肉

3～4人份，所需時間：45分鐘

楊三姐的家常食譜

這道傳統的客家料理，也是楊家姊妹從小吃到大的滋味，無論是在家中，還是在客家飯館，幾乎每週都會吃上三四次。

楊三姐自嘲的說，客家人其實不會複雜的料理技巧，所以蒜泥白肉這種烹調簡易的菜色，才會成為客家人的最愛。

楊三姐喜愛這道菜還有另一個原因：因為她非常喜歡沾醬，而這道菜可以搭配各式各樣的醬料，即呈現不同風味，例如客家桔醬、特製辣椒醬、黃豆醬、大蒜醬油等，簡簡單單就有多種變化。

材料

五花肉…1條，寬度約兩指寬（約4公分）
米酒…1大匙
薑…2片
青蔥…2支

做法

1 薑切片、青蔥切段。
2 在有深度的鍋中放水煮滾，水的高度需可以淹過五花肉。
3 當水溫至80度~85度、鍋底開始出現小氣泡時，加入米酒、薑片、蔥段。
4 將五花肉放入鍋中過水三次，每次各3秒。
5 將肉放進鍋中，原鍋熱水煮滾後，繼續以中小火慢煮五花肉約20分鐘。
6 關火後蓋上鍋蓋，燜10分鐘後再將肉取出。
7 將五花肉逆紋橫切薄片擺盤，再搭配調好的沾醬食用。

沾醬

〈蒜苗醬油膏〉

蒜泥…1小匙
蒜苗…1支
辣椒醬、醬油膏…各少許

〈變化版桔醬〉

客家桔醬與〈蒜苗醬油膏〉比例為1：1

〈蒜泥醬油〉

醬油…1大匙
蒜泥…1小匙
辣椒、醋…各1/2小匙
糖…少許

梅干扣肉

3～4人份，所需時間：2小時

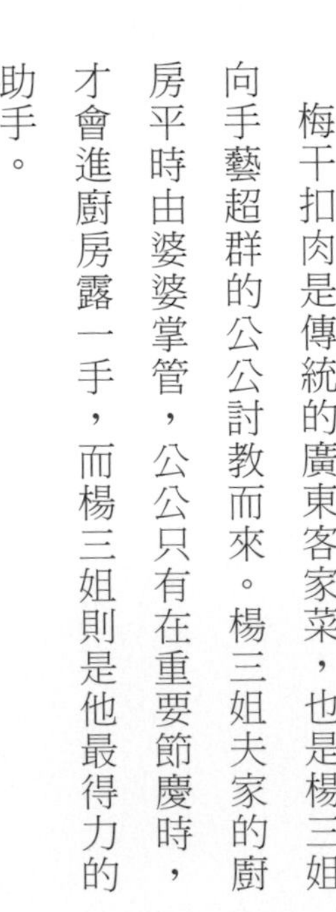

梅干扣肉是傳統的廣東客家菜，也是楊三姐向手藝超群的公公討教而來。楊三姐夫家的廚房平時由婆婆掌管，公公只有在重要節慶時，才會進廚房露一手，而楊三姐則是他最得力的助手。

楊三姐在公公身旁學習多年後，又自己在家練習多次，才終於得到精髓，現在成為自己家人最愛的「下飯」第一名，三姐也常用這道菜，懷念疼愛她的公公。

材料

五花肉…1斤
（10×10公分）
乾梅干菜…5兩
蒜頭…5～6瓣
醬油…半碗
冰糖…4兩
白胡椒粉…少許

做法

1 先以流動的水沖洗梅干菜。將濕潤的梅干菜靜置約30分鐘，待梅干菜軟化後，再仔細沖洗乾淨，確認摸起來不會有沙沙的，再擰乾水分切碎備用。

梅干菜不可泡水，會導致香氣逸失。

2 先煮一鍋滾水。將五花肉放入鍋中，以中小火煮15分鐘後取出待涼，並切成寬度約0.7公分的厚片。

3 熱鍋放油，將五花肉一片片煎成兩面金黃後取出，浸泡於醬油中醃泡備用。

4 利用煎五花肉的餘油，加入切好的蒜末和梅干菜末，以大火炒乾、炒香。

5 加入浸泡五花肉使用的醬油、冰糖與白胡椒粉，加水至蓋過梅干菜等食材的程度，煮至沸騰。

6 取一小鋼盆，將五花肉皮朝下放入後，倒入**5**的醬汁。

7 將**6**放進電鍋，外鍋加兩杯半的水，蒸至軟爛，取出後倒扣在盤中，即可上桌。

取出鋼盆和倒扣時，小心燙手喔！

注重健康、有機的郭大姐

郭大姐，62歲。
菜系：台菜、素食
食譜：毛苔豆腐
三杯天貝

細心的郭大姐，從小就負責煮飯給弟弟們吃。婚後遇上了什麼都會、感情又好的婆婆，更練就了一番好手藝。

「我做菜的啟蒙，大概是唸小學的時候，嫌媽媽做的菜不好吃、一成不變，我媽就說，那你自己拿錢去市場買菜吧！」家裡在三重經營百貨店，身為老大的郭大姐，從小得幫忙做生意，養成幹練性格。在不被媽媽看好之下拿起鍋鏟，不久後兩個弟弟就已經可以辨認出姐姐跟媽媽做的菜有什麼不一樣。

宜蘭婆婆滿足手作魂

結婚後，遇到來自宜蘭的婆婆，總算能大大滿足她的手作學習魂。「婆婆是典型農家婦女，什麼都會，相較之下我媽是都會女性，什麼都不會，完全相反！」

婆婆做粿、鴨賞、膽肝，樣樣自己來。「我說每樣都想學，她開玩笑說『遮都市無鼎無灶，是欲按呢教（是要怎麼教）？』」婆婆在鄉下習慣大鍋大灶，都市廚房的設備在她眼中，都像是扮家家酒的小玩具。

都市媳婦和農村婆婆，卻磨合出直來直往的默契。「人家都說婚後會有婆媳問題，但我跟婆婆的個性、看法滿一致，可能是我們生肖、姓氏都一樣吧！我們彼此有話直說、不加掩飾。」

郭大姐內在的手作魂，洞察到婆婆從農村生活累積的智慧，「她雖然不識字，但我滿尊重她，也覺得她對我這個媳婦很好。曾經有親戚的兒子要來我們公司工作，但是我跟婆婆說，我不喜歡用親戚，容易有紛爭，她馬上說『妳講得對！』」

可惜婆婆的農村功夫，在都市裡不易發揮，「婆婆會做醬瓜、醃冬瓜，甚至連醬油都自己做，但是都市空氣不好，不適合做醃漬物。」婆婆的醃冬瓜跟生鮮冬瓜、雞肉一同熬煮成冬瓜雞湯，最後醃冬瓜會整個化在湯裡，是難忘的好滋味。

「不過我最近有找到不錯的醬冬瓜，可以來試著做這個冬瓜湯！」她眼睛發亮，透露出對婆婆的思念。

再忙也要回家煮飯

郭大姐跟先生一起經營貿易公司，公司跟住家同處，多年來工作與生活密不可分。「我不希望小孩當鑰匙兒，在家工作的優點是方便隨時照顧小孩、煮飯。缺點是公私不分，幾乎沒有休息時間。」

這樣的生活型態，回應了她在家下廚的堅持。「我覺得餐桌是聯繫家庭情感的關鍵，所以堅持晚餐要在家裡吃，無論多忙，都要回家煮飯、避免應酬。」從事貿易生意，不時需要在外跑工廠，經常遇到廠商提出晚餐邀約，郭大姐多半拒絕，理由就是回家煮飯。

「選擇食材我盡量用最好的，小孩也相信，媽媽能把最好的給他們。」也許因為這樣，郭大姐的一對兒女，練就好品味。「外面所謂的美食，對我家小孩的誘惑不大，麥當勞什麼的他們也不太吃，反而有時候我忙起來，想說吃個速食就好，他們還會反問，蛤，吃這個喔？」

兒女也是讓郭大姐加入食憶的推坑人，知道媽媽擅長做菜，兒子訂了食憶，拉全家一起來品嚐，當下就決定報名主廚。聊到兒女，她還分析「隔代女性能幹論」：「兒子會跟我學做菜，女兒則不愛下廚。好像隔代都有這種情況，像我外婆很能幹，但我媽媽什麼都不會；我很愛做菜，女兒卻不愛下廚！」

現在孩子大了，各自有生活作息，要一起吃晚餐比較難了，但盡量還是每天一起吃早餐。隨著年齡、心境轉換，做菜又從責任，提升到心靈的慰藉，「動手做東西很療癒、時間很好過，不會有煩惱！」

對食材高標準

在家只需做給四個人吃，在食憶要做給四十個人吃，從素人走向專業，郭大姐調適得很快，也感受深刻：「在家裡的廚房，是自己當家，可以隨心所欲；但在食憶廚房，得學專業的做法，包括刀子要注意放置方向、毛巾要框在水槽旁邊，避免水濺到旁邊。」年輕的行政主廚是長輩們的老師，扮演專業與非專業之間的橋樑。

常逛超市、有機食材店以尋找靈感的郭大姐，習慣以高標準檢視自己使用的食材。例如她的四神湯，使用熟識中醫提供的配方，高達八、九種藥材，適合有「三高」的人服用。排骨和豬肚則固定於板橋農會購買，「我試過好多家，覺得這裡的肉最好，沒有半點豬腥味，聽說豬還聽音樂！」豬肚和排骨共熬，油脂可以潤滑藥材、使之順口。

又如經典台菜「酸菜豬肚湯」，郭大姐大手筆使用有機酸菜，用蒲仔乾將片好的豬肚、酸菜、紅蘿蔔綁好成豬肚結，相當費工。為了身邊的素食朋友，她也尋找適當食材，發想健康料理，避免使用一般加工素料品，在有機店發現的「紅毛苔」和台灣黃豆製成的「天貝」，都是郭大姐創意料理的隊友。

為了徹底瞭解食物產生的過程，能辨認真實的味道，她還特地去學醬油跟天貝製作。

「做天貝要先將黃豆煮熟、脫殼，花費大量時間搓殼，然後布菌，在25度氣溫中慢慢發酵，另外還有用香蕉葉包裹發酵的對照組，真的是費工費時。」自然熟成的醬油，則要放半年，還要常常看顧。「發酵過程，食物溫度會升高，摸起來熱熱的，會覺得食物是活的！」

郭大姐給人冷靜謹慎的印象，但熱情的好奇心與自我要求，隱約透露出內在的強悍。堅持給家人吃最好的，同樣的標準，也放在食憶的客人身上。

「做什麼樣的東西給家人吃，就要做什麼樣的東西給客人吃。」手作魂從童年延燒到熟齡，熱度不減。

recipe 01

毛苔豆腐

熱愛有機食材的郭大姐，非常擅長素食料理，紅毛苔就是素食者的養身食材之一。

吃起來有點像海苔，卻比海苔更鮮美有味，講究健康的她，除了紅毛苔一定要在有機商店購買，豆腐的來源也絕不馬虎。

郭大姐認為，一家人最能凝聚感情的地方，就是飯桌，也因此格外重視全家一起吃晚餐的時間。而這道紅毛苔豆腐，料理時間超級快速，也能有更多時間和親愛的家人聊上幾句。

3～4人份，所需時間：5分鐘

材料

嫩豆腐…1盒
紅毛苔…5～10克
醬油膏…少許
白芝麻…少許

做法

1 將嫩豆腐包裝四邊劃開，倒出水分，倒扣入盤中。

2 在豆腐表面塗上薄薄的醬油膏。

3 在醬油膏上灑上紅毛苔，最後再灑上少許白芝麻，一道營養清爽的夏日涼菜完成。

note

長得黑黑毛毛的紅毛苔，嚐起來帶有自然的甜味，同時也富含鐵質和多種維生素成分，是素食者的養身聖品。

recipe 02

三杯天貝

熱愛素食的郭大姐，當然不會放過當今最火紅的食材：天貝。

天貝是印尼的傳統食材，郭大姐在逛地下街的時候偶然看到，感到十分好奇，又聽說是養身食材，因此「健康魂」被徹底燃起，一腳踏入研究天貝的世界。

聽到發酵食品，很多人會有先入為主的排斥，但為了健康，郭大姊還是希望可以把這樣的好東西，推廣給更多人。

3～4人份，所需時間：15～20分鐘

材料

冷凍天貝…1包（約240克）
老薑…10片
麻油…1大匙
醬油…1大匙
醬油膏…1大匙
冰糖…適量
米酒…1大匙
水…1大匙
九層塔…1把
（辣椒、蒜頭、蔥段等辛香料也都可加入）

做法

1 天貝解凍後，分切成10等份。

2 薑片放入麻油鍋中乾煸，加入冰糖炒至融化有糖色，並倒入醬油、醬油膏、米酒、水。

3 待醬汁煮滾至濃稠，再加入九層塔，將醬汁保溫備用。

4 另起一鍋，放入天貝，以中小火煎至金黃微焦。

5 起鍋後將三杯醬汁均勻淋在天貝上，以一點九層塔葉裝飾，即可上桌。

note

一塊塊的天貝是由黃豆煮熟、脫殼、發酵而成，印尼傳統會直接使用芭蕉葉來發酵，現在則研發出天貝菌來進行。經過發酵的天貝富含維生素，蛋白質的含量也相當豐富。

特別收錄：

開啟食憶的大門

劉爺爺

影片中白髮蒼蒼的爺爺，正細心地將他的冰糖醬鴨剁開。很多人透過這位劉爺爺認識了食憶，而食憶也可說是由他而開始。

1 劉爺爺家的牆上貼滿了老照片。

來自中國東北的劉爺爺，高齡九十五歲，步履有點蹣跚，需要靠枴杖才能行走，卻堅持每週掌廚給全家人吃。耳朵嚴重重聽卻喜愛與人聊天，分享他走遍大江南北的經歷，聽他說起往事，我們也彷彿走過兩岸動盪的過往。

從東北到台灣

「那時候沒人管啊！你只能靠自己。」出身中國東北安東（現在的吉林省）的劉爺爺，從小為了分擔家計，做過無數工作，在進入軍隊前，已經儲存多樣經驗值，這也讓他很快適應了軍旅生活。

在北京當兵的期間，也是戀愛萌芽的開端。「那時候在市場看到奶奶就一見鍾情，但認識後發現不對！很多人追她。」爺爺輕描淡寫地說。「每天都想辦法去看一下、看一下，然後就走近了。」兩人在當年十月中旬結了婚，十一月就相偕逃往台灣。

民國三十八年某個禮拜天，在家的劉爺爺突然覺得氣氛不對勁，於是去部隊裡一看，發現整個部隊都空了。回家路上，遇到一些熟識的同袍眷屬，他們急忙和爺爺說：「現在要撤退了，一會兒就到你家去接你了。」劉爺爺一

2
（右）年輕時的劉爺爺和劉奶奶
（左）奶奶正在說明兩人的畫作

聽完趕緊掉頭跑回家，到家時，奶奶還在等著他吃晚飯呢。

兩人急忙開始收拾行李，匆忙中鞋子帶了一隻、襪子也只帶到一隻，所幸兩人平安無事，來到台灣。當時坐船來台的路上，除了海象不佳，從頭到尾都是砲聲隆隆，一點也不平靜。一艘原本只能容納幾十人的小船，一口氣擠上了好幾百人，有將近一半的人，都沒能撐過這趟顛沛的旅程。

劉爺爺抵台後，先在高雄上岸，輾轉於新竹落腳，原本就是空軍士官的他，也考上了空軍官校，繼續軍旅生涯。因為工作的關係，爺爺從桃園、台南輪調到屏東，火車往返經過新竹卻不能回家，是實實在在的「三過家門而不入」。回憶起這段過往，爺爺總是有點惆悵地說：「錯過了孩子的成長，真的是很遺憾的事。」

無師自通的廚藝

如果問劉爺爺做菜是跟誰學的，爺爺會告訴你：「沒有學！全都是無師自通。」因為年紀輕輕就自己生活，於是練就了一身本領，廚藝則是其一。

即便已經年過九十，爺爺依然堅持每週三為全家人下廚。雖然問他喜不喜

4（右）劉爺爺在食憶（左）可愛的劉爺爺和劉奶奶

歡做菜，他總會鐵齒地說：「我才不喜歡！」但還是繼續每週騎著電動車去市場買菜，和攤販們話家常，再回家準備料理。家中的越南籍看護秋賢，更成了劉爺爺的徒弟，爺爺常說：「秋賢現在燒菜燒得比我好，這叫做青出於藍勝於藍。」

開間自己的小麵店或飯館，一直是劉爺爺的夢想，因此一聽到食憶的構想，劉爺爺就非常感興趣，也成為第一位加入食憶的長輩主廚。食憶第一次試營運，劉爺爺出場時帶上了一家老小十來位，一群人從新竹浩浩蕩蕩開車到台北。往後只要劉爺爺值班，劉家都會全員出動，載爺爺上班，家人也藉此團聚。

有趣的是也因為食憶的報導，劉爺爺過去的下屬、老友紛紛認出劉爺爺，從台中、屏東等全台各地打電話來食憶，詢問爺爺的聯絡方式。食憶瞬間變成「超級任務」，幫多年不見的他們牽起橋樑，找回了許多失散的情誼。

現在劉爺爺因為健康因素，已經很少在食憶登場了，但還是開心地提供了手寫的冰糖醬鴨食譜，希望能收錄書中。希望有更多人透過這道料理，一起成為劉爺爺的新徒弟。

冰糖醬鴨

材料

〈主食材〉

鴨：1隻

青蔥：2～4支

薑：1塊

〈調味料〉

桂皮：10克

茴香：10克

紅棗：10克

冰糖：100克

醬油：50克（半杯多一點）

＊以下材料若手邊有可另加

甜麵醬：2大匙

米酒：2克

做法

1 將鴨洗淨後去毛，用滾水川燙半小時。

2 取出鴨子後，內外均勻抹鹽（份量外），靜置2小時。

3 在煮鴨的水中加入薑塊、蔥段和**〈調味料〉**，將鴨子放回，再煮1～2小時。過程中需要調整鴨子位置，讓鴨身兩面都煮入味。

4 撈取出**3**中的香料和蔥薑，用湯杓將鍋中醬汁反覆澆淋鴨子全身，讓鴨身充份上色後便可上桌。

鴨骨可以另外提出熬湯。

問劉爺爺說冰糖醬鴨是跟誰學的，
爺爺說：「我其實是跟網路學的！」

食憶的家傳菜譜

作　　者　食憶團隊
故事撰寫　王舜薇
食譜記錄　李知育、陳映璇
食譜審定　吳俊賢
發 行 人　林隆奮 Frank Lin
社　　長　蘇國林 Green Su

出版團隊
總 編 輯　葉怡慧 Carol Yeh
企劃編輯　許芳菁 Carolyn Hsu
責任行銷　黃怡婷 Yi-Ting Huang
封面設計　Hsin Lo
版面構成　譚思敏 Emma Tan
攝　　影　王正毅（食譜）
　　　　　蔡傑曦（人物）
食器出借　TZULAÏ 厝內
（p.136, p.138, p.139, p.202）

行銷統籌
業務處長　吳宗庭 Tim Wu
業務主任　蘇倍生 Benson Su
業務專員　鍾依娟 Irina Chung
業務秘書　陳曉琪 Angel Chen
　　　　　莊皓雯 Gia Chuang

發行公司　精誠資訊股份有限公司
　　　　　悅知文化
　　　　　105台北市松山區
　　　　　復興北路99號12樓

訂購專線　(02) 2719-8811
訂購傳真　(02) 2719-7980
專屬網址　http：//www.delightpress.com.tw
悅知客服　cs@delightpress.com.tw
ISBN：978-986-510-092-6
建議售價　新台幣４５０元
首版一刷　２０２０年08月

國家圖書館出版品預行編目資料

食憶的家傳菜譜／食憶團隊 著.
-- 初版. -- 臺北市：精誠資訊, 2020.08
面；　公分
ISBN 978-986-510-092-6（平裝）
1.食譜
427.1　　　　　　　　　　1109009986

建議分類｜生活風格・食譜

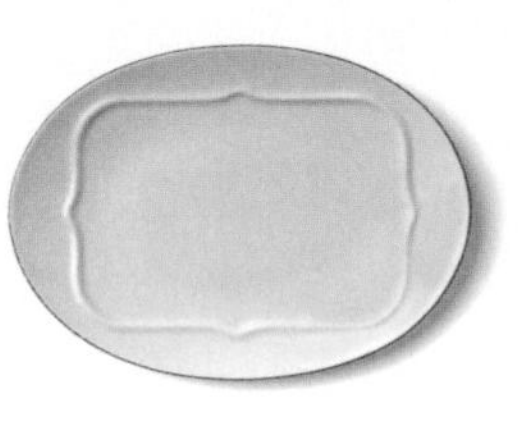

悅知文化
Delight Press

線上讀者問卷

悅知夥伴們有好多個為什麼，
想請購買這本書的您來解答，
以提供我們關於閱讀的寶貴建議。

請拿出手機掃描以下 QRcode
或輸入以下網址，即可連結至本書讀者問卷

https://bit.ly/3gS2j3Z

填寫完成後，按下「提交」送出表單，
我們就會收到您所填寫的內容，
謝謝撥空分享，
期待在下本書與您相遇。